日式小庭院设计

松田行弘的现代造园之道

[日] 松田行弘 著

张叶茜 夏爱荣 曹 毅 译

辽宁科学技术出版社
沈阳

写在之前

笔者从事与造园相关的工作超过 20 年。现在，与员工们一起参与的庭院或外部空间的建造项目每年都有数十个。庭院和外部空间的建造会因为选址条件、周围环境、业主的喜好与生活方式等诸多因素的差异，而呈现出千差万别的效果。

通常，人们在购买土地和公寓的时候，或是自建住宅完工的时候，会考虑建造庭院或外部空间。即使预算上有困难，很多人也想着在住进房子后几年内就把庭院建好。但实际上却是心有余而力不足，无论是造园还是空间的规划都无法具象化。此外，即使自己有好的想法，如果不能及时传达给施工人员，做出来的效果也会与想象中的不同。

当您想要委托设计师或者自己动手挑战造园时，请翻开这本书。它会告诉您造园所需的材料和施工方法，并提供适合庭院种植的多种植物选择。我想大家应该能从中找到很多灵感和巧思，让您的庭院形象更加饱满。依照自己的喜好和想法，满足功能性而建造的庭院和外部空间，会成为您生活空间的一部分而发挥积极的作用，为日常生活增添色彩。关于这一点，笔者在多年的工作中，从众多委托人的感谢之词中一直感受得到。

松田行弘

目录

设计专栏

法式风韵的庭院设计创意

引言:从功能来看，在任何地方都可以建造庭院

庭院的功能包括：培养绿植，供人户外休息、欣赏美景。徜徉于精心设计的庭院中，趣味无穷。无论客观条件如何简陋不堪，只要有合适的建造材料和植物，都可以规划出理想的庭院空间。

实例 1 | 在细长的旗杆地也可欣赏到植物美景

1. 一条从入口延伸至房屋，宽1.6m左右的长长的小路。在小路与隔壁公寓之间设置了一道篱笆墙，为了充分利用来自公园方向的通风和光照条件，选择使用了能够悬挂绿藤植物的铁丝网。
2. 用在狭窄的缝隙中也能存活的薄荷类植物装饰入口。
3. 在墙外空闲地处铺设了木质地板。

改造之前

有一道围墙，围绕在从门口延伸而来的稍有坡度的10m长小路两旁。小路北邻公寓，因紧靠大窗户，路过时非常引人注意；南面紧靠公园，日光充足，空间开阔。在住房门口处，空间比较富裕，客厅的天窗外设置了露台

所在地：东京都
施工面积：约52m²

入口

门口

露台

·什么是旗杆地

大多数分布在大城市里的住宅区，从大道通向住户的小过道。通常围绕在住户周围，细细长长，竹竿形状的空地。

·旗杆地的特点

这种类型土地常用来作为单纯的过道或者停车场。其实，用来种养绿色植物时面积非常宽阔，具有衔接内外过渡空间的作用。

·旗杆地的利用方法

通过将旗杆地两侧的植物与围墙结合，形成遮景效果。或者使用借景手法，将其设计成具有由外向内过渡空间功能的入口。

·适合种植在旗杆地的植物

因为空间狭窄，不宜在此种植树叶突出的乔木，而适合种植方便修剪的藤蔓植物。

4	5
6	7

4.从玄关处向外眺望的景象。入口处用灌木和苔藓类植物装饰。

5.在玄关前面的宽阔空间，以柳树类乔木为中心，铺设苔藓类植物，并且用草坪稍做修饰。

6.用院子内的乘凉棚连接大门和围栏，让整个庭院的空间更加清晰明了。

7.用围栏遮挡来自公园的视线，并隐约显露公园的风景。

即使是旗杆地也能成为理想中的庭院

对于一般的旗杆地来说，两边大多与邻居住房相连，不仅要装饰狭长的空间，而且要尽量遮掩两旁邻居家的隐私。为了防止形成压迫感，用藤蔓植物等制造透视效果，变得非常有必要。而且，就像书中实例情况一样，可以用门和凉棚把入口空间分割成几部分，形成富于变化的入口空间，产生引人入胜的视觉效果。虽然有比较高的墙，也不会觉察到明显的压迫感。此外，还可以用小的盆景或绿色植物作为中心，用藤蔓植物进行立体修饰，这样会更易于打理。

1/2

1.用实木把玄关门廊与停车场隔开，用铁杆门作为大门。若隐若现的砖块和枕木铺在入口处的草坪上。
2.大门里面，用同样的砖块铺在树荫下面。

改造之前

具有黄色外墙的房子，处于道路内侧的地方，停车场与邻居房屋之间的木栅栏显得比较突兀，而且与对面的铝制围栏也不相称，使得玄关入口处景象不协调。

所在地：东京都
施工面积：约30m²

- **带停车场的庭院**

设计庭院的时候，要把自家车的出入次数、车辆种类、停车位置的地面材料以及停车位的空间大小等几项因素综合考虑在内。

- **铺草坪的好处**

在车辆进出位置确定的情况下，只需把车轮经过之处铺设专用抗压材料即可，其余的地方可以用植物填充。绿色植物的种植面积增多可以令庭院更有味道。

- **带停车场的庭院设计诀窍**

关键是不要过度铺设路面。尽量只在停车位置上铺设，其余的地方用植物填充，这样可以提升庭院的自然气息。

- **适用于停车场的植物**

因为停车场内用于栽种植物的空间有限，所以必须选择生长缓慢且易于修剪的品种，而且需要进行定期维护。

3	4
5	6

3. 跟门廊的赤土色搭配，使用茶色的切块砖头。
4. 间隔墙使用木质材料，与成排的滨柃和隔壁的垣墙共同打造出浑然一体的庭院效果。竣工两年后，木材变成了银白色，作为象征树的光蜡树也变得十分高大。
5. 刚刚竣工的隔离墙。
6. 门廊的旁边设置了自行车停车位。

带有停车场的庭院设计方法

在停车场与庭院结合使用的情况下，车的使用频率、车辆类型和光照条件是非常重要的考虑因素。长期停放车辆的地方，植被会被碾压造成枯萎。如果想要设计成具有亲和力的庭院，在铺设路面的材料中加入沙子和枕木即可。选择用混凝土铺路时，不要把路面全部覆盖，可以用植物填充停车导向带以外的空间。留一些间隔的空间，氛围就会有很大不同。同时，步道上铺设沙子和草坪，与使用硬质材料相比，要难走一些。车辆进出时容易出现颠簸等诸如此类的问题。另外，在停车位两旁种植花草时，多花类植物和结果类植物容易弄脏车，因此，选择植物种类时要多加注意。

实例 3 | 虽然狭窄却充溢着满满的庭院气息

A 通过露台打造极具魅力的庭院

$\frac{1}{} \left| \frac{2|3}{4|5} \right.$
1. 客厅外铺设了单色纯木露台。
2. 局部使用柳条编制的垣墙。
3. 紧挨地面的台阶上摆设了栽植橄榄树的花钵。
4. 地面种植处用石头铺装。
5. 空调室外机套上装上了同露台相同的木板箱，整体简洁明了。

减少台阶，有效利用空间

对于宽度只有几十厘米的长方形空间来说，由于管理起来比较麻烦，因而很容易变成杂草丛生的地方。如果有可以打开的窗户，通过铺设露台，就可以变成有用的空间。摆上桌椅、花盆，就可以作为休息之处。如果把露台地面做成与屋内地板同样高，与室内相连，会使室内空间显得更加宽敞。运用不同的颜色，效果便会截然不同。

· 无论多么狭窄的空间都可以铺设露台

放鞋的石板架上和金属架上就可以铺设地板，即使有空调室外机，只要稍微留意通风口，铺设露台也是没有问题的。

· 木质露台的优缺点

一般来说，木材是需要维护的材料，若使用耐久性强的硬质实木，就可以减少维修次数，而且比混凝土露台便宜得多。

· 选择适合在露台种植的植物

狭窄空间的日照条件比较差，不容易照射到大型花钵，因此适合选择种植喜阴常绿的植物。

改造之前

长近 10m、宽 0.9m，朝东的杂草丛生的地方。有一个离地面高度约为 0.8m 的折叠外开的窗户，由于高度太高无法出入，基本没有使用过。同时，需要与邻居家之间设置一个围墙。

所在地：东京都
施工面积：约 9m²

Ⓑ 带有小屋的庭院

1	2
3	4

1. 镀锌柱子与杉木结合，上部为白色涂漆的外墙，两种垣墙并用。
2. 素馨花和亚洲络石等，喜阴，藤蔓植物格外显眼。
3. 杂物小屋成了空间的亮点。
4. 道路两旁的植物及庭院入口。

· 既是小路也是庭院

即使是狭窄的空间，用爬满藤蔓植物的围墙作为装饰，也可以轻而易举地营造出绿色景观。

· 尽管狭窄也可以储存杂物的小屋

任何规模的园艺活动，都需要工具和材料。所以储存杂物的小屋，兼具实用性和观赏性。

· 植物选择的要点

生长迅速的藤蔓植物以及容易落叶的灌木，容易影响到邻居而产生矛盾，选择时应尽量避免。

打造具有特色的庭院空间

超小型庭院，把四周圈起来就容易制造氛围。特别是种植茂盛的藤蔓植物，与种植灌木相比，更能使空间显得饱满。像上面的实例一样，充分发挥杂物小屋功能性的同时，更增加了空间构思的趣味性和人物的流动性。

改造之前

从室内向外望去，视线超过白色外墙能够直接看到邻居家的门口，显得格外突兀。尽头处的垣墙显得特别低，即使有植物也显得没有生机。

所在地：东京都
施工面积：约 15m²

实例 4 | 在屋顶上搭建庭院

	2
1	3
	4

1. 在木质台阶周围，铺设了可以供孩子们玩耍的高丽草坪。
2. 实木露台的一角，再生树脂材料的框架盛放花土，柳木垣墙围成了一个小菜园。
3. 在部分外墙处设置了兼具屏风和围墙作用的高1.3m的实木垣墙。
4. 建了一处杂物房，储存各种工具和桌椅。

充分保证承载负荷的设计

在屋顶上设计庭院时，首先要确认屋顶的承载负荷。一般来说，允许人行走的屋顶，承载负荷约为 180kg/m²，对于老房子来说，尤其需要注意确认承载负荷。在这个实例中，通过增大甲板和草坪的面积进而减少了单位面积的负荷。在集中部位制作框架，种植灌木，打造出饱满的庭院风格。

·在屋顶上也可以搭建庭院

根据屋顶的承载负荷，决定花土的厚度。如果承载负荷很小，就不用花坛土，而选择用花盆或者折叠框架。

·在屋顶上搭建庭院的要点

首先，确认屋顶的承载负荷和防水层。然后，需要在四周设立挡风板。如果没有排水设备，会直接影响植物的生长，应根据需要增设排水管道。

·适合在屋顶种植的植物

如果有挡风板和自动喷水设备，基本上任何植物都可以成活。如果两个设施都没有的话，比较适合种植抗旱的香草类植物。

改造之前

在市中心一座别墅的屋顶上。周围用简单的铁制围栏围绕起来，视野开阔。屋顶上什么也没有，想要把这里变成日常活动场所的话，就需要用庭院的各种素材装扮一下。

所在地：东京都
施工面积：约48m²

实例 5 | 改变庭院的整体风格

精心布置，改变庭院整体风格

用白色瓷砖铺设的露台别有风味。盆栽植物让空间变得更加柔和，在紧挨露台的客厅里也能感受到植物的清新。露台上的水全部浇灌土壤，让露台和土壤的高度保持一致，可增加整体可利用空间。与此同时，铺设了新的台阶。

靠近原来的墙壁，安装了水泥台阶，下面设计成收纳空间。无法排水的窗台前面，通过加高做成花坛，同时挖出排水沟。

1. 围绕木椅摆设植物栽培箱，把空间分隔开。
2. 盆栽植物以桉树为中心排列。
3. 停车场的屋顶上安装了钢铁骨架，搭建成木质连廊。

$\frac{1}{2|3}$

·房子的风格因庭院而改变

把之前的庭院打造为自然风，使用同一灰色调的花盆、材料和扶手，营造出洒落的空间氛围。

·不直接在地面上种植，也可以搭建出漂亮的庭院

不浪费空间也能够实现欣赏植物的目的，可以用瘦长型具有高度的花钵来培育植物，打造花坛风。通过花钵里的植物也能达到浓郁的自然效果。

·适合花盆种植的植物

本实例中种植的是不需要修剪的澳洲迷迭香、巨榕、越橘叶蔓榕等，均为常绿植物。

改造之前

停车场的屋顶是可以登上去的，但是没有从一楼上去的路，强度也很弱。地面上之前铺设了草坪，排水条件差，比露台的高度低很多，呈现出一片杂草丛生的破败景象。

所在地：东京都
施工面积：约40m²

1	2
3	4
5	6

1. 以橡树林作为背景墙，入口处种植一棵具柄冬青。
2. 用灰色的砖铺砌了这条横跨整个院子的小路。
3. 在树荫下种植南天竺、银姬小蜡等彩色叶子植物。
4. 在平板石铺砌的露台上看到的风景。
5. 收纳屋的门口种植了滨枠。
6. 带有木甲板台的偏房入口。

改造之前

四周带有小路的主屋门口，因为没有杂物收纳间，冬季用的轮胎、打扫工具等凌乱地摆放在屋檐下。铺设的垫木和木板腐朽陈旧，路面上的石子和土壤也只是简单地罗列而已。香草类植物和杂草到处蔓延，一幅难以打理的情景。

所在地：东京都
施工面积：约130m²

7. 主屋和偏房中间，具有遮挡作用的大小为 6m² 的仓库成为背景，红枫花散里特别引人注目。
8. 修复好了水井，加设了手动水泵。
9. 光照条件最好的区域种植了四季开放的开花植物。

增宽路面，打理庭院变得更加简单

庭院中的植物必须进行修剪打理，可以通过加宽路面减少维护次数。在此例中，由于该地区禁止砍伐树木，因此通过加宽路面，以及栽植生长缓慢且容易修剪的植物，包括北美枫香、英国夏栎和流苏树，来降低庭院维护强度。同时，安装了自动浇水灌溉设备。

·宽敞庭院才有的难点

空间越宽敞，需要花费的时间越多，可以把整体用地的 2/3 左右用来铺设路面或构建建筑物，这样与植物的比例会更加协调。

·宽敞庭院的正确使用方法

与单纯地整体铺设草坪或者铺设地面相比，稍微有些杂草不必太在意，自由的配置设计更好些。

·不费工夫的栽植技巧

选择如玉簪属和寒芍药之类生长茂密、不易铺展的多年生植物，或者选择便于修剪的灌木类植物。

法式风韵的庭院设计创意

01 落叶灌木篇

落叶灌木常作为绿化带的主要植物来源。下面介绍一些逐渐在日本流行，有可供欣赏的花或果实的落叶灌木。

7月下旬，巴黎15区的乔治不拉桑公园。高达3m的西洋牡荆树正处于最茂盛的时期。

红色的花蕾同黑色带有光泽的果实形成鲜明对比。

像缩小版的锦带花一样的焜实花。

西洋接骨木的果实压弯了树枝。5—6月开出白色的花朵，颜色逐渐加深，9月变成黑色。

低垂下来的枝头开满了花朵，非常惹人注目。

在有限的空间里，以灌木为主重点培育

在日本，需要定期修剪灌木植物，以控制植物的大小。然而在法国，人们会根据植物自身的生长规律，令其自然生长，因此经常可以看到长得非常高大的灌木植物，接近乔木大小。西洋接骨木的果实可制成果酱或者酿成果酒，因为果实里含有丰富的抗氧化作用的成分，所以具有抗衰老的效果。焜实和西洋牡荆树本身非常健壮，又是开花植物，在此强烈推荐。

制定庭院方案，构想美好愿景

1月

January

无论是约请设计师，还是自己亲自制定庭院方案，最重要的是确定想要的庭院意象。制定完庭院方案后，就可以开始着手制作理想的庭院空间了。

使用地面植物或者花盆植物装饰庭院

可地栽种植的庭院

$\dfrac{1}{2}$

1. 建成 7 年后的 BHS around 庭院。主要植物金叶柳长到了当初的 2 倍粗细。玫瑰和爬山虎覆盖着墙壁，呈现出一片安逸祥和的景象。
2. 整修过的以花园洋房为主的庭院。把原来的植物重新排列，并增设甲板和石质露台，打造成一个休闲庭院。

庭院的空间和光照条件不同，所选的树种也应不同

直接在地面种植植物的庭院，根据空间和光照条件的不同，所选的树种也应不同。条件优越的情况下可选用的树种也更多。在有一定宽度的庭院里，把大乔木、小乔木、灌木和高大的植物按照一定的顺序排列种植，就会取得比例均衡的视觉效果。如果空间有限的话，在围墙等建造物上盘绕藤蔓植物，即使狭窄的院子也会生出浓郁绿色，呈现勃勃生机。

1
—
2
—
3

1. 在朝南的宽敞的空间里，草坪和野生植物围成的庭院。
2. 利用借景手法，低矮的围墙上盘绕着藤蔓植物，将白色仓库点缀为聚焦点。
3. 在宽阔的道路上铺上草坪，两侧做成树林。树木脚下用灌木填充，添加了趣味性。

对于不能直接在地面种植植物的露台式庭院，可采用特殊布置方式做成地面种植的效果

用木材、瓷砖等材料铺设的露台地面不能直接种植植物，但可以采用摆设花钵的方式作为替代。虽然可选择的植物种类有限，但与地面种植原则相同，需要从高大的常青树开始，依序排列。应主要选择适合花钵种植的健壮植物，搭配应季的鲜花和装饰品作为点缀，也可以做成一个容易归纳的空间。如果罗列大量小花钵，会增加维护频率，不易打理。

$\dfrac{1}{\dfrac{2}{3}}$

1. 9月下旬铺设木地板的露台。以橄榄树、双峰树等常绿植物为骨架，配以引人注目的橙色大丽花。
2. 与制作好的长椅和遮阳篷为一体的甲板露台。用仓库挡住外界的视线，确保私密性。
3. 露台与客厅的地面高度一致，铺设了陶土瓷砖。

1	2
	3
	4

1. 摆上桌椅，把阳台变成休憩空间。

2. 围墙的阴影部分陈列着喜阴植物和杂货。充分把握庭院和阳台的日照情况非常重要。

3. 在朝向客厅的露台一边种上了植物，露台里面的地板之间铺满了瓷砖和沙砾，装饰简单。

4. 摆放3个大型的植物培育箱，并安装了自动浇水装置。

把墙壁或地板等做成可以移动的形式

带有阳台的庭院，一般在公寓楼等类型的集体住宅中比较常见。如果是公寓楼，阳台属于公用空间，切记确认公寓楼的管理条例。考虑到植物的叶子、土壤、垃圾的影响，需要做成在进行大型维修活动的时候能够移动的构造。如果通风和光照条件恶劣，可安装简单的自动浇水装置，有利于植物更好地生长。

$\frac{1}{2|3}$
$\frac{}{4}$

1. 木质露台的两侧修建了仿古砖花坛。
2. 用石块垒出高度为 60cm 的花坛，种植了香草类植物。
3. 用薄的乱石砌成的花坛，因为刚刚做好，植物显得比较稀疏，几年后植物就会变得浓密而遮住石块了。
4. 将玄关入口两侧用砖围起来，设置为种植植物的地方。香草类植物长得非常旺盛。

保持通风和排水，有利于植物生长

花坛比地栽种植高度要高一些，排水和通风条件更好。加入的新土壤有利于植物的生长，不能直接在地面种植的植物也能在花坛里种植。建造花坛时使用的建筑材料不同，展现出的效果也不同。例如，用乱型石简易堆砌可以做出自然的效果。除了石材和砖头以外，也可以使用耐久性强的实木或者枕木。

带有花坛的庭院

大门周围的构造和植物会改变家的形象

连接玄关的大门周围，浓密的绿色植物会使空间变得柔和，不同的构造会直接影响家的形象。保护好私人空间，将门口周围的门牌、门铃、照明灯等结合整体氛围进行搭配选择，按照实用性进行配置很重要。因为是日常生活中的必经之处，入口处必须选择便于行走的材料，或者采用便于后期行走的施工方法。

$\frac{1}{\frac{2}{3}}$

1. 车场和入口，用鹅卵石铺设路面，用相同材料砌成的花坛里种植了光蜡树。
2. 用简单的铁杆和实木组成的门扉和栅栏，里面种植了山茱萸。
3. 结合法国古典风情的门，选择搭配了旧的橡树木桩。

门口的庭院风景

2	
1	3
	4
5	

1.用仿古砖铺成人字形路面,砖缝处铺设草坪。
2.通向门口的小路上铺设了水泥,方便行走。
3.客人专用的停车场,用草坪和枕木铺制。
4.入口处用砖铺设,停车位用水泥铺制。
5.用实木枕木和沙砾以及碎石块铺设的停车场。

使用纯天然材料,打造出与庭院融为一体的效果

既能保证停车,还能作为庭院的一道风景,打造成自然风格停车场是最理想的做法。根据停车场的使用次数确定合适的建材,例如,对于客用停车场,可以使用草坪和地表植物等与铺装建材混用。而经常出入的停车场,不能使用植物、石头和砖块以及材质粗糙的碎石进行搭配。

打造庭院，着手描绘理想风格的轮廓

打造庭院之初，与进行室内设计的思维一样，需要勾勒大概轮廓，确定一下自己想要的庭院风格。在一定程度上确定了构思，就可以着手规划配置了。是想在此处休息，还是想从屋里欣赏院子的风景，

使用功能不同，庭院的构造方法也不同。在实际打造庭院的过程中，虽然不能把想法全部实现，但确定明晰的需求理念至关重要。

庭院方案的构思与确立

 ### 考察实地场景

理想跟实际的庭院条件相差很多，仅靠一时情况不能得到准确判断。时间和季节不同，光照情况也不同，要全面审查各方面条件。

- 光线来源，土地方向
- 什么用途的土地
- 光照和雨水及通风条件
- 确认四周环境和有无遮挡物
- 现有建筑物和树木的位置
- 确认排水口和水管设备位置

 ### 总结利用目的

对庭院功能的要求，可能和不可能实现的都罗列出来。现阶段如果不把对各项机能的需求整理出来，后面很容易遗漏。

- 供孩子玩耍
- 想要带有草坪的庭院
- 想要种植标志性植物
- 想用围墙围起来，做成院子
- 把停车场旁边做成院子
- 想要明亮的庭院
- 想要安逸舒适的庭院
- 容易维护，方便打理的庭院
- 要有储存工具的收纳间
- 带有家庭菜园的庭院等

 ### 把理想中的画面表现得更清晰

确定想要实现什么样的效果，形成模糊的样式也可以，尽量表达出期待的风格。可以参考一下店里的装饰或者杂志上的照片等。

- 做成自然风格
- 脱离日常生活的时尚风格
- 带有清洁感
- 杂木花园风
- 法式，破旧，田园风的味道
- 古典风格，废旧物品风格
- 热带或者高原胜地风格
- 亚洲风格
- 日本和式庭院风等

 ### 明确功能

做到与实际生活密切相关，详细列举庭院的功能作用，包括汽车和自行车的数量及是否需要孩子洗手和洗车用的水龙头等。另外，如果使用小孩推车，需要确定行走路线的宽度，同时留意实际条件。

- 有无停车场
- 有无邮筒、门铃、路灯
- 是否需要水龙头、收纳间和屏风墙
- 是否需要铺设路面
- 有无自行车棚
- 有无室外休息停留空间等

⑤ 再次研究路线和功能

确定在④中需要实现的功能于庭院各处的分布情况，并进行归类筹划。水龙头和收纳间的用途直接影响整体设计和分布情况。

- 邮筒和门铃设在何处
- 需要围墙的地方的高度和宽度
- 用水的地方安置在何处
- 收纳间的位置选择
- 连接各个功能的路线等

⑥ 确认构造物

根据⑤中路线和用途等情况的确定，庭院中分布的各种构造物形象也随之清晰了。同时，道路的宽度和围墙的高度在这个阶段也可以确定了。

- 围墙（兼具遮挡和通风功能）
- 墙壁的细节
- 收纳间（仓库、工作台、甲板等）
- 有无花坛和苗圃
- 有无水龙头和洗刷台
- 有无走廊
- 汽车棚，自行车棚
- 道路，台阶
- 门牌柱子
- 门扉等

⑦ 主要植物的种类

确定跟构造物同样重要的植物，主要作用是遮挡外界视线和制作树荫。与房子协调匹配的象征树也很重要。

- 标志性的象征树选材
- 树木是选择常绿树还是落叶树
- 大乔木、中乔木或者小乔木
- 是否使用藤蔓植物和地表植物打造自然风等

⑧ 确定构造物的最终装饰

按照持久性和成本，选择符合理想效果的装饰材料。既要不影响效果，还要控制成本，关键部位的材料尽量跟计划中的素材保持一致。

- 遮蔽物：木质围墙、铁质围墙、砌砖屏障、涂漆墙、植物墙
- 露台：沙砾、砖块、石材、枕木、甲板
- 道路：沙子、砖块、石材、枕木、混凝土
- 大门和门柱：铁质、木质、枕木、混凝土柱
- 出水口：木质、混凝土、瓷砖
- 走廊：铁质、木质等

⑨ 确定细节部位的植物种类

在选定了主要植物后，进一步确认细节部位的植物分布。具体来说，应选择多年生植物、蔬菜、果树等有附加价值的植物。

- 根据场所的性质、土壤干湿程度、通风条件和光照条件等来选择植物

⑩ 确定家具和必需品

家具和杂货类等，是实现理想型庭院的最重要的要素，选择符合与印象中的形象一致的物件最重要。

- 装饰搭配时，应同时选择家具、庭院用品和装饰杂货

法式风韵的庭院设计创意

02　常绿灌木篇

屏蔽墙以及冬天也呈现绿色的常绿灌木，对于庭院来说是不可或缺的存在。下面介绍一下能开出美丽的花朵或者长着独特叶子的灌木。

常绿的紫丁香在日本被称为"加利福尼亚丁香花"。常绿品种有好几种，在日本，比较流行的是在春天开蓝色花的品种。因为各种植物怕冷，因此需要注意选择种植的区域。

图中植物茎和叶背面呈浅茶色，是荚莲的常绿品种。从远处看，整株植物都呈现出略带褐色的绿色，与其他植物的绿色形成了鲜明对比。虽然耐寒，但冬天叶子会垂下来，给人一种无精打采之感。

庭院中不可或缺的常绿灌木类植物

上面的照片中介绍的紫丁香有很多种类，每一种花色都非常美丽，是非常有魅力的常绿灌木植物。落叶植物通常非常健壮，容易生存，对于常绿植物来说，如果选择合适的种植环境，也能长得非常高大。东京都的一个实例中，紫丁香竟然长到将近2m高。上面照片里的荚莲属植物同样是常绿灌木，而且品种很多。在日本生长的荚莲属植物容易吸引蚊虫，容易被幼虫咬坏的品种很多，而地中海荚莲，相比较而言不容易生虫。虽说如此，还是要尽量避开光照和通风条件恶劣的地方进行种植。

搭建木质露台，揽收怡人风景

2月

February

如果庭院中有木质露台的话，就像多了一个客厅。坐在露台的椅子上，边喝茶边欣赏风景，这种憧憬的场面将不再只是梦境。

风格 A | 跟客厅相连的木质露台

模式 1

1 | 2

1. 在木质露台上放置仿古木桌和折叠椅，可以作为室外餐桌。
2. 使用同样木材做成的洗手台。台面用瓷砖铺设，并稍做改变。

用露台连接房间与庭院

因为日本是湿润性气候，为了保证住宅地基的通风，一般都做成高出地面的构造形式。加入露台后，客厅和外面的台阶就没有了，这样可以轻松地走进庭院中，而且从室内向外眺望的视野也更开阔了。可以说露台无论是在功能上还是在设计上都是非常不错的构造物。

木质露台，时间越久越具有温暖的味道。早些年使用的木材持久性差，现在持久性强的实木已经普及起来了。跟之前相比，现在的露台需要维护的次数逐渐减少，而且更加容易使用了。

木质露台与客厅直接相连。庭院跟外界之间用储藏室和墙壁分隔开，阻挡了路人的视线。储藏室外墙上的窗户成了点睛之笔。

```
 1
---+---
 3 | 2
```

1. 作为与邻居家相隔的遮目墙，设置了灰蓝色的木围墙。
2. 露台用台阶与用砖块铺砌的中庭相连。
3. 黑莓和铁线莲攀爬在定制的铠甲式木围墙上，打造出绿色饱满的氛围。

设置花架走廊，把庭院变成另外一个客厅

在木质露台上，摆设桌椅作为客厅的延伸使用，是非常完美的创意。日光强烈时需要防晒的遮掩物，比如可以用太阳伞或者遮阳棚。既可以全方位地展现植物，又可以遮阳的花架走廊也是不错的选择。不仅靠使用藤蔓植物，搭上遮阳布，也能起到非常好的防晒作用。搭建花架走廊可以营造出被周围环绕的感觉，从而演绎出身处花房里面的效果。

$\frac{1}{2}$

1. 从室内眺望的景色。仿古砖块砌成的花坛把露台与庭院隔开，增加了空间的变化。
2. 7月份，栎叶绣球、紫荆花等喜阴植物正值旺季。

模式 3

$$\frac{1}{2 \mid 3}$$

1. 露台上设置了兼具收纳功能的长椅和储物间，头顶上还有一个将来会成为葡萄架的花架走廊。为了能让孩子们在此玩耍，花架走廊的横梁上安装了伸缩秋千。两旁的花坛里种着乌桕和唐棣属植物。

2. 在露台和草坪之间，种植了常绿灌木赤楠和马蹄莲等常绿灌木，将月桂树作为标志性树木。

3. 城市蜡烛树的树枝上挂着灯。

搭建露台

搭建之前

铺设地基

地质条件不同，地基的组合方式也不同。为了避免长草，可以在地基下面铺上一层防草布和碎石子。

① 设置地基混凝土，土壤里面铺上一层防草布和碎石子。

② 用地梁组装地基台面。

③ 把露台的地梁绑在2楼的阳台柱子上。

④ 四周的地梁安装好之后，内部加入细的横棱木。

⑤ 个别位置需要加入不锈钢金属片，增加强度。

⑥ 大概的支梁做好之后，边贴台板，边加入小的支梁。

⑦ 按照支梁的间隔宽度，将台面板固定在上面。

⑧ 除了扶手的柱子，贴完露台台板的状态。

搭建之后

9 在露台台板突出的柱子上安装作为围栏的材料，露台搭建完毕。

完成后的细节

搭建露台时使用的材料与2楼阳台相匹配，选择了亚马孙铁线子木。因为家里有小孩，所以为了实现既能保证视野开阔，又能预防小孩摔落的目标，特意围上了一圈简单的围栏。

1 | 2

1.作为兼作入口的露台，特意扩大了宽度。因为适合眺望风景，所以计划在此放置桌椅。
2.刚刚建好的露台是茶褐色的，随着时间的推移慢慢就会变成银白色。

木质露台的搭建与维护

① 木质露台搭建流程

结实牢固的做法

地基石或者地基的间隔，会因为使用木材的种类不同而不同。同时，因为要与围栏和走廊结合成一体，若想把柱子固定在地基上做成牢固的结构，地基石的位置也需要调整。受雨水影响，木材的伸缩性会受到损伤，因而台面板之间一定要留出缝隙。

- **确定风格样式**
  确定木材的质地、大小，以及围栏与走廊的有无。

- **设置地基材料**
  根据木台柱的间隔，设置地基石、防草布、碎石子。

- **组装露台的脚柱**
  对照地基，组装露台脚柱的横梁。

- **固定台面板**
  按照间隔缝隙，固定台面板。

- **搭建围栏、走廊等**
  利用露台的脚柱和柱子，搭建围栏、走廊等。

② 露台的材料和涂料

建材的选择方法

涂抹防虫防腐涂料

有些材料像实木一样是不需要涂抹防虫防腐涂料的，但对于容易劣化的材料则需要涂抹防虫防腐涂料，种类很多，可以按照空间需求进行选择。

露台的形式 1：无涂料

随时间而变化的无涂料木材

以南美蚁木、铁线子、坤甸为代表的硬木，油脂成分多，耐久性特别强，可以直接使用，随着时间推移最终会变成银白色。

露台的形式 2：有涂料

涂抹涂料，防止劣化

松木和杉木等木材容易腐朽，需要涂抹防虫防腐涂料。这类涂料包括可以显示木材纹路的染色类型，以及表面涂膜的油漆类型。

③ 工作时的诀窍和要点

涂抹涂料要在组装之前进行

在露台整体涂抹涂料之前，先把木材全部涂抹完毕，然后再组装搭建。搭建完之后只需要把切口处再涂抹一遍，就会实现很好的防腐效果。

④ 日常维护

维护

进行符合材质的维护

即使硬木也会出现弯曲、皱裂、开裂等劣化问题，必要时需要进行维护。另外，根据有涂料类型的木材材质的不同，2~3 年要重新涂抹一次。

修缮和翻新

定期涂抹防虫防腐涂料，保持持久耐用

对地板进行多次粉饰涂漆，会非常明显地减少劣化腐朽速度。便宜的木材，在没有维护的情况下 3~5 年就会出现开口漏洞，每 2~3 年进行一次粉刷涂料，能够保持 10 年以上使用寿命。

设计专栏

法式风韵的庭院设计创意

03　拥有美丽叶形的乔木篇

与开花乔木相比，观赏期较长的彩叶乔木是更能让庭院展现清爽印象而魅力无穷的树木。

4月的巴黎，在圣约瑟夫医院的院子里，美国金叶皂荚刚刚发芽。由于枝干粗糙，叶片碎小，所以与同属豆科的黄叶种刺槐相比，美国金叶皂荚给人以更加轻盈的印象。

与悠闲氛围的庭院完全吻合的优雅乔木

大约10年前，某施工单位栽种的1.5m高的美国金叶皂荚，现在已经超过2层楼那么高了，而这家医院的树也有12~13m高。日本山皂荚树干和树枝上有很多刺，不适合作为庭院树木，但它的果实可用来代替肥皂。美国金叶皂荚虽然不结果，但是没有刺，也可以进行深度修剪，是比较容易打理的品种。灰叶枫也很流行，适合栽种在宽敞的空间里。但它容易吸引天牛，需要注意保护树干和树根。

灰叶枫的芽尖略呈粉红色，叶片上有白色的斑。栽种于巴黎蒙梭公园碧绿的草坪上，透着阳光下的树叶，可以窥见低调绽放的淡粉色花朵。

配置混栽盆景，诠释季节交替

想在庭院或者阳台上展现季节交替时，可以摆放一些色彩艳丽的盆栽。一盆应时的鲜花，会给庭院带来华丽感。

风格 A | 在庭院里欣赏五彩缤纷的混栽盆景

应时的鲜花拼凑在一起，为早春的院子添光增彩

使用混合种植的花钵可以轻易改变庭院氛围。尤其是在绿色植物较少的早春时节，色彩缤纷的花钵聚在一起会给庭院增加亮点。在添加花钵时，推荐种植花期长的 1 年生草本植物。搭配好的花钵摆放在一起，会变成一道亮丽的风景。而将花盆散布在庭院进行配置时，对使用的花色进行适当搭配，会使庭院整体氛围变得协调生动。

庭院里的绿色树木较多，即使组合在一起的花盆色彩艳丽，也会在一定程度上被树木的绿色湮没，因而可以选择多种色系的花。照片里的拼种花盆中，暗色系的花比较多，由于旁边绿色树木生长繁茂，使得此处整体感觉比较暗淡。夏季建议选择鲜艳色系的花。

各种各样的花盆让庭院更加绚丽多彩

模式 1

前面是报春花、黑花三色堇、紫色三叶草和美冠菊搭配在一起，营造出幽雅的氛围。后面是白毛喜沙木、黑叶牡丹、拉布拉多马先蒿、姬小菊。在准备花盆时，选择大小不一的款式，使用起来更方便。

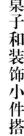

模式2

桌子和装饰小件搭配

1　　3
2

1. 在狭长的铁皮盒子里，种植了白色与紫色的三色堇及柔毛羽衣草。
2. 蜿蜒弯曲的素馨花，令人仿佛正置身于森林之中。用铁皮钣金重新改制而成的桌子变成了陈列台。
3. 木质抽屉里种植了百里香和红莓台子，抽纸盒子上铺上了山苔，搭配柳穿鱼。左下方是采橄榄用的水桶和澳洲迷迭香。右下方，在铅制的花盆里集中种植了秋牡丹、野草莓等。

模式 3

欣赏大型的混栽盆景

秋季时节，在小搬运车上种植了马蹄金、初雪蔓、紫绀野牡丹、红茅、紫锦木等。紫绀野牡丹和紫锦木不耐寒，冬天要转移到屋檐下。

勿让花色泛滥，营造雅致空间

与庭院不同，阳台上绿色树木比较少，缩小使用花色范围，容易塑造空间气氛。为了配合花色，可以使用大小不同的花钵进行匹配，也可以使用同一颜色大小不同的花钵，以此增加趣味性。由于空间狭小，在墙壁进行植物混栽，可以增加立体感，让有限的空间得以有效使用。

混栽盆景放在地面上，会导致视线下移，建议放在桌子上或者放在台面上。在台面上再放一些可爱的摆件，稍微做出一个亮点，整个角落都会变得格外美观。

1. 仙客来和迷迭香的混栽盆里，添加了东北堇菜与云间草。
2. 古老的饲料箱作为花盆装饰着墙壁。
3. 以红色木门为背景，烘托着春天的混栽盆景。重叠在一起的报春花成为亮点。
4. 悬挂在墙壁上的盆栽，一般种植下垂的植物比较多，种植浓密的报春花，少见且有趣。

个性十足的花钵，营造出有趣的氛围

模式 1

体积庞大的混栽盆景

```
1 │ 2
  ├───
  │ 3 │ 4
```

1. 里面是西伯利亚蓝钟花，左手边是白色葡萄风信子，球根不管是群植还是单株栽在小盆里都很可爱。
2. 11月，铜锤玉带的苗与绵枣儿的球根种在一起，到了春天，绵枣儿逐渐盛开。
3. 左侧花盆，低处种植葡萄风信子，下面是郁金香的双层种植盆景。葡萄风信子的花凋落之时，郁金香恰好盛开。
4. 迷迭香和初雪蔓的斑点与木盒子的古典风十分吻合。

作为室内装饰的混栽植物

$\frac{1}{2}$

1. 绿冰微型月季、庭荠、百里香、树紫苑组成的春季混栽盆景。绿冰微型月季开了花，放在有光照的阳台上，可以观赏 2~3 周，花谢之后移植到外面。
2. 4 株野草莓，果实稍有颜色。

混栽盆景的制作与维护

① 混栽盆景的制作要点

要点 1：确定混栽盆景的放置地点

制作适合环境生长的混栽盆景

首先，确定放置混栽盆景的地点。其次，确定使用一个大的花钵作为中心聚集所有植物，还是使用许多花钵，把植物分散到整个庭院。最后，确定装饰方法。

要点 2：材料的选择和搭配方法

选择适合环境生长的植物

放置地点确定之后，选择想要种植的植物。尽量避免在光线弱的地方放置喜阳植物，而在不通风的地方放置不耐湿热的植物。

要点 3：确定植物数量和花色

为作为主角的开花植物搭配一些绿叶植物

确定使用单色花还是多种类的花。开花植物分散在庭院的情况下，花色会被树木的绿色湮没，所以大面积花色也没关系。除了鲜花，增加一些带叶子的植物也会因为相互协调而更加诱人。

要点 4：种植要点

根据花盆大小或者材料种类来选择

摆放很多相同材质的花盆时，可以根据花盆的大小或者形状来进行搭配，效果会更好。同时，大量种植不同种类的花时，使用相同的花盆，会增加统一感。花盆的材质不同时，可以通过花的种类来搭配调节。

② 后期维护

I 经常浇水

经常浇水，土一干即浇水

就像人吃饭一样，需要定期给植物浇水，这样做有利于植物生长。夏季时要在早晨或者傍晚时分进行浇水，避免水分蒸发，冬季浇水时尽量避开傍晚，以防止根部冻结。

II 施肥方法

用原肥料或进行追肥补充植物营养

用花盆种植植物时，在土壤中加入原肥料。经常浇水会造成 2~6 个月时间内土壤中的肥料流失殆尽，所以在浇水的过程中要定期加入液体肥料进行追肥。

III 移植

多年生植物反复种植的技巧

可以在混种的 1 年生植物枯萎后，单独拔掉。也可以把所有的植物连根拔起，将能够再利用的多年生植物根部切掉，枝条进行修剪后重新种植，这样做更加有利于植物生长。

IV 病虫害管理

预防和早期发现最重要

发现害虫时，如果是处在早期，灭虫最重要。需要将遭受虫害的叶子一起摘除，以防止病害扩大。选择适合环境的植物，不仅可以保证植物健壮，而且能最大限度地避免病害发生。

法式风韵的庭院设计创意

04　开出美丽花朵的乔木篇

下面介绍两种在法国非常有名的开花乔木，其花朵和果实极具观赏性。在日本，这两种树不太常见。

在巴黎市中心街道两旁或公园里，全缘叶栾树随处可见。从 8 月下旬到 9 月，它会结出红花一样的袋状果实，为街道增色不少。

4—5 月份的巴黎，珙桐树（俗称手帕树）上长出的有着两朵纯白色手帕一样的花苞令人印象深刻。这些花苞是由叶子变化而来的。

希望在广阔的空间里，这两种开花乔木可以作为树茁壮生长的象征

在海外访问时，看到平时基本见不到的开花乔木盛开的景象，不自觉地感到欣喜。我对上面所述的两种乔木印象尤其深刻，非常想在日本宽阔的地方栽植。全缘叶栾树，在日本 8—9 月份会开出黄色的花朵，大概在 11 月份，袋状果实开始挂上颜色。在大阪的难波宫遗址上长着很高大的一棵。珙桐，跟银杏一样，是 1 属 1 种的稀有树种，树干笔直，整齐挺拔。在由弗兰克·劳埃德·赖特设计的自由学园明日馆的庭院里，就有这样一棵挺拔的大树。

修建砖砌花坛，培育呵护植物

4月
April

花坛提升了花丛的高度，排水和通风更好，比地面种植更有利于植物的生长。本节介绍如何修建砖砌花坛以及如何进行植物选择。

直接利用高低起伏的土地地形，修建了高50cm的花坛。保留原有的一部分树木，前面种植了灌木和多年生草本植物。

使用能够让植物健康生长的高置苗床

能够提高种植位置的花坛形式被称为高置苗床，其主要优点是利于排水和通风。其次，加入新的土壤后更加有利于植物的生长。例如，香草类植物，原产地为干燥环境，难以抵抗日本6—8月份的潮湿，采用高置苗床的种植方法，其生长更加稳定，更容易管理。

由于高出地面，花坛的日常管理也更容易进行。花坛的宽度越窄，越容易进行管理。如果花坛宽度较大，最里面选择高大、基本不需要日常修剪的乔木或者小乔木进行种植。

在山茱萸的树荫下，选择种植耐阴性强的
绣球花、枸子等植物，在花坛边缘种植下
垂的过江藤香草等植物，可以缓和砖块坚
硬的印象

1	3	5
2	4	

1. 在山茱萸树树干上放置的手工制作的鸟屋，现在成了山雀的巢。之前也住过啄木鸟。
2. 亮点是花从白色变成绿色，然后变干，可以长期享受变化的过程。
3. 储物间上缠着铁线莲和带斑纹的葡萄。
4. 还很小的紫锥菊，第二年以后就会长大，和薰衣草、宿根花一起填满花坛空间。
5. 紫叶风箱果的叶子在绿色中呈现出勃勃生机。为了隐藏原有的排水口而放置的猪的模型成为亮点。

修建之前

任务1

铺设地基

修建砖砌花坛时，要注意把土台垒得牢固。花坛的高度和宽度不同，所需要的地基的大小也不同，注意用地基的厚度和宽度来调整强度。

1

按照地基的宽度挖土，撒上石子。

2

把石子铺垫均匀。

3

把石子压实。

4

把地基的外框架安置在夯实的碎石子上。

5

检查确认地基框架的宽度是否一致。

6

放置切好的地基用铁网。

7

用铁丝把地基铁网捆绑在一起。

8

为了让已铺垫好的材料与混凝土更好地衔接在一起，需要在上面洒水。

9

将石灰、沙子和石子混合一起制成混凝土。

10

用小型搅拌机一边搅拌一边调整强度。

11

将混凝土平整浇筑在全部地基上。

12

结合框架高度，用抹子均匀抹平水泥。

13

放置一天时间，让混凝土充分干燥。

任务 2

堆砌砖块

在砌砖之前，先把砖块浸入水中，充分吸水，以增加与灰浆的黏合度。如果使用干燥的砖块，会导致凝固不良，只有灰浆凝固的后果。

14 把砖块暂放在地基上，调整确认花坛的大小和缝隙的宽度。

15 利用水线，凑齐边角，开始垒砖块。

16 使用激光确认花坛的水平高度。

17 通过铺设直径为 6mm 的钢筋来增加强度。

18 把钢筋埋在缝隙里，一边掩盖一边垒上一段砖块。

19 用下段垒砖的方法，再垒第 5 层砖块。

20 最后的砖块参照缝隙的位置进行堆砌。

21 把最上面一层缝隙填满。

22 最上面一层侧面的缝隙，用抹子边按压边填充。

23 在还未完全干燥之前，用湿毛刷把表层砖的污点清除掉。

24 用手把溢出的灰浆弄掉。

25 进行收尾工作时，用湿毛刷把砖块表面的脏东西刷掉。

完工后

完工后的细节

砖块与角落相结合，给人以整齐的印象。接缝材料与黑砖搭配，使用带颜色的砖用砂浆，略带米色的颜色可营造出自然氛围。

接缝处用手工完成，形成比较随意的效果。也可以用接缝抹子抹平，或填充接缝突起。

接缝的处理方式不同呈现的最终效果也不同。接缝的长和宽都要对齐，保持均匀，宽度通常为1～1.5cm。

任务3

在花坛里栽种植物

保留原有的树木，再种植新的灌木和草本植物。在花坛前面种植低矮植物，在边缘种植垂枝型植物。

① 把现有的灌木进行修剪处理，并拔除杂草。

② 台湾吊钟花、八仙花、山茱萸保留。

③ 把新的肥料和堆肥放入花坛中。

④ 将花坛进行整体翻地。

⑤ 种植作为主要植物的八仙花和紫叶风箱果。

⑥ 确定其他植物的种植位置。

⑦ 按照规划好的位置种植植物。

⑧ 种植工作完毕之后，充分浇水。

砖砌花坛的修建与种植要点

① 修建花坛的过程

高度、大小不同，使用材料也不同

根据花坛的高度、大小，确定使用材料。尺寸大的情况下，不仅可以使用砖块，也可以使用石材及混凝土切块。用砖块堆砌较高的花坛时，如果使用的是空心砖，必须要用钢筋加固强度。

- **设计样式**
  材料是石材、砖块、混凝土切块等。

- **制作混凝土土台**
  制作合适的混凝土地基。

- **涂灰浆，堆砌砖块**
  涂抹灰浆，逐层向上堆砌建材。

- **处理接缝**
  切开接缝，加入接缝材料，对接缝进行处理。

- **使用收尾材料**
  如果使用了混凝土切块，要进行泥水收尾工作。

② 关于建筑材料

接缝的处理方式影响花坛的整体外观形象

不仅是建筑材料，接缝的处理方式也会影响花坛的整体外观形象。接缝的处理方式包括隐藏接缝和放大接缝宽度以显示接缝的情况。在实际处理过程中，要根据选择的接缝材料、不同的色宽，并结合周围的材质，选择合适的接缝颜色。

· 砖块

使用没有棱角的砖块或仿古砖，会创造出柔和自然的印象。使用黑色和灰色等深色系的砖块，或者带有尖角的砖块，可以创造出锐利的现代风氛围。

· 石材

把碎石有规律地堆叠起来，可创造出端正的形象。也可以把大石头粗野地堆积起来，做成假山风格。

· 接缝材料

砖块等，有专用的接缝材料。对于石块来说，可以使用沙子和石灰混合制成的灰浆作为接缝材料，并加入色粉涂上颜色。接缝材料颜色可以与石块颜色相协调。

③ 工作技巧和种植要点

Ⅰ 工作技巧

对于新手，推荐随意风

堆砌时保证清洁是重点。特别是使用锐利的砖块时，要注意接缝的调整和去污。如果使用的是仿古砖等材料，就不必太在意污点以及接缝不齐等问题，这样做别有一番风味，推荐新手使用。

Ⅱ 种植要点

土质提升的同时，注意避免土壤干涸

花坛里加入新的土壤后，状况会提升很多，排水也会变好，但可能容易干涸。在阳光充足的地方，推荐耐干旱的植物。有进深的花坛要注意在前后制造高低差，没有进深的花坛要注意在横向制造高低差。

法式风韵的庭院设计创意

05 垂枝型树木篇

带有独特形状的垂枝型树木能为充满个性的庭院增色不少，下面介绍一些这种类型的树种。

欧洲水青冈，拉丁学名为 *Fagus sylvatica* 'aurea pendula'，aurea 的意思是黄叶，pendula 的意思为垂枝。

4月份，西洋垂丝柳枝繁叶茂，叶子细长柔软。这个树种耐盐碱性强，但是容易受天牛侵害。

巴黎13区被称为"小广场"，这里种植的是枝条垂落的欧洲榛树（左）和垂枝白桦树。

同上，欧洲水青冈的垂枝黄叶品种。这棵树高达 7~8m，拍摄角度不同，使其看上去像别的树种。

充分利用个性化的树木形态，制定种植方案

在日本，垂枝型树木一般包括梅、柳、樱花等，另有很多不被人熟知的此类树种，适合作为引人注目的、形状个性化的象征树。其中，适合在狭小空间种植且大小容易控制的种类很多，期待它们能够被大量选用。除了上述树种，常绿的德国云杉、垂枝型的阿拉斯加杉木、桑树和柿子树等，也非常值得推荐。在具有高低差的土地上或者建有厚重的混凝土外墙的庭院里栽植这些树会很有趣。

设置修整树篱，营造舒适氛围

在大城市里修建庭院，为了不受外界视线的干扰，设置遮目墙很重要，也有使用像围栏一样的人工构造物的情况。使用绿色植物遮蔽，可以创造出接近自然的氛围。

在欧洲，有使用叶子变成黄色的欧洲水青冈等落叶树的情况，而在日本，大多使用常绿树，也有用木樨和台湾吊钟花来制作树篱的例子。

树篱作为非常重要的存在，可以随时为庭院增添绿色

在日本，用来制作树篱的植物主要是常绿树。常绿树常年保持绿色，在庭院空间中是非常重要的存在。设置树篱的目的不仅是遮挡外界视线。围一圈灌木作为树篱来分割区域，可以遮挡不雅观的部分。而且，树篱和木质露台并用可以改善建造物坚硬的印象。

制作树篱时，选择合适的树种很重要。要保证能自由调整高度，任何树木都需要一年内修剪 1~2 次。

1. 停车场和露台之间的分隔板使用了利兰桧树。这样的构造可以保证从外面看不到院子的内部环境。

2. 用女贞遮住建筑物的基础。右边是银叶草。

3. 女贞生长旺盛，需要进行修剪了。几年后，银叶草将会长得比窗户还高。

4. 适合在下午茶时间放松的露天座位。这个树篱已经栽种了一年半时间，在栽种后的几年内还需要支柱。这里使用竹子作为支柱，避免因为风雪造成植物歪倒。树篱的高度与栅栏一致，保持在 1.8m 左右，几年后，就会生长为茂密的绿墙。在左边的木栅栏上，用铁线莲装饰，使得建筑物生硬的印象变得柔和。

5. 树篱的根部容易产生阴影，一般多种植耐阴的多年生草本植物或灌木。这里种植着扇形楼斗菜、铁筷子和蓝莓。

带有树篱的庭院设计方法

利用健壮美丽的树木
制作树篱

要选择种植带有浓郁的绿色、不生虫的树木
制作树篱。利兰桧和滨枪的叶子浓密，叶色
为浓绿色，非常适合作为植物的背景。其中，
滨枪多用来制作树篱，比起作为遮目墙，更
多时候被用来作为分隔墙。

1. 环绕在露台周围，像掩盖脚跟一样的滨枪。
2. 把植物培育成将来成长为高 1m 左右的腰墙。
3. 照片的左边最里面是农作物区域。虽然冬季田圃的绿
色消退，但是有在冬季也是常绿的树篱，所以不会使空
间显得空虚。

变化 1

变化 2

4|5

4.利兰桧作为道路之间的分隔墙，里面有作为象征树的棠棣树。

5.门的另一侧，左边混合着紫薇、西洋牡荆树等落叶树，用中乔木作为遮目墙。

红色的仿古门，把庭院和外界分隔开来。作为背景的白色围栏与利兰桧的浓绿色格外耀眼，紧接着在前面设置了边界带状花坛。

变化 3

在石子路的入口前面，有高度约 3m 的树篱，之间有绿色的"隧道"，引入庭院。浓绿之间，金合欢的明亮叶子格外引人注目。

变化 5

树篱和铁艺拱门并用，打造成绿色的"隧道"。里面的花屋（小棚）是亮点，形成了具有进深层次感的格局。铁艺拱门上面环绕了一圈素馨叶白英。

变化 6

$\dfrac{2}{3}\Big|1$

1. 停车场和庭院用树篱分隔开来。混凝土地面和墙壁稍显生硬，可用浓郁的绿色调和一下。

2. 分隔墙的树篱中间设置了一个木门。

3. 因为树篱，使得整个院子里绿色植物的体积大了很多。

树篱的制作方法

阶段 1

具有一定高度的树篱

制作具有一定高度的树篱时，为了促进根部的稳定，阻挡风力，需要有支撑树木的支柱。支柱一般选用圆木或者竹子。

① 在种植树木的地方挖一条沟，从一端开始种植树木。

② 从一端按顺序安置树木，竖直排列。

③ 接着挖掘种植用树洞。

④ 在排列好的树木的树根处埋一半土。

⑤ 紧挨门的另一侧也挖出一条沟。

⑥ 同样把树木竖直排列。插入竹子或者圆木，作为支柱，埋上土。

⑦ 插入最后一棵树。

⑧ 在树根处浇灌足够多的水，然后把剩余半截埋好。

⑨ 插入竹子或者圆木，作为支柱，埋上土。

⑩ 树篱的树根处，种植着遮盖地面植物的都尔巴喜。

⑪ 安装树篱的门。

⑫ 种植树篱内的植物。

阶段 2

低矮的树篱

低矮的树篱，可以用作小型的分隔墙，也可以用来作为遮盖露台根部或者其他构造物的地基。

① 事先等间距排列好种植位置。

2 从一端开始，等间距种植。

3 为了让灌木的树叶密度尽量相同，边确认方向边栽植。

4 掩埋一半土，在根部周围浇灌足够多的水。

5 掩埋剩余的土壤，之后，对整体稍做修剪。

6 作为分隔墙的灌木树篱同样从一端开始按顺序栽植。

7 分隔墙完成。为了不妨碍行走，需要对植物整体稍做修剪。

完工后的细节

刚栽植的树篱，支柱会很显眼，但半年到一年后就会被枝叶覆盖。支柱的高度为树高的 1/2~2/3 即可。

1 | 2 | 3

1. 刚栽种时，枝条显得很零乱，修剪几次后会越来越茂密。
2. 大门前的赤楠树篱。赤楠的颜色明亮，叶子茂密。
3. 即使打开大门，从外面也很难看到里面。

树篱的制作与维护

1 树篱制作的流程

做决定时考虑日后的管理

之前，从 2 楼开始的遮目墙被称为高垣，与邻居家之间多种植橡树，而且一些位置需要到邻居家进行修剪，考虑到日后的维护工作不建议种植。树木是生长的植物，因此要选择种植的场所以及种植的植物种类。

- **考虑植物种植的目的和场所**
  考虑是用来作为遮挡视线的遮目墙，还是分隔墙。

- **确定树种和高度**
  选择常绿树还是落叶树、乔木还是灌木等，根据用途判断。

- **从园艺店等购买植物**
  树木数量多的情况下，也有需要预订的情况。

- **栽种**
  按照需要，要在土壤里加入肥料。

- **根据需要合理加入辅助支柱**
  栽植乔木时，要用竹子或者圆木作支撑柱子来辅助树木生长。

2 材料和其他必需品

I 树篱的种类

用来制作树篱的各种各样的树种

以前的树篱，主要选择柏树或者光叶石楠，最近西洋树种逐渐增多。特别是针叶树类的种类比较多，颜色和种类也变得越来越丰富。日式风的庭院也有使用竹子的。

II 适合制作树篱的树种及场所

能够适应恶劣条件的树种

橡树类和日本黄杨类，在光照条件恶劣的地方也可以生长。同时，盐碱地区域可以种植大叶黄杨、海桐花、夹竹桃等。山茶花、茶梅花可以供人欣赏，曾经非常受人喜欢，但是因为容易招引茶毒蛾，现在越来越少种植了。

3 树篱的维护

I 选定工作

通过定期修剪来保持外形

任何种类的树木都需要进行最少 1 年 1 次，最好 1 年 2~3 次的修剪工作。树篱厚度不容易掌握，尽量大力度地修剪可以保持树篱的高度和厚度。修剪力度不够的话，树篱每年增长，就会超出庭院边界。

II 其他维护工作

保持树木健康的管理

几年之后，捆绑支柱的绳子会扎进树干里，导致树木折断，阻碍生长，因此几年之后就需要更换支柱。而且，肥料不充足，叶子颜色就会变浅。每半年时间施一次肥，能保持植物健康良好的状态。

法式风韵的庭院设计创意

06 树篱篇

树篱肩负着作为庭院背景的作用。制作树篱时，使用的植物品种以及制作方法不同，庭院的形象也会截然不同。

由利兰桧制成的树篱。在枝条弹力大的幼树时期，拉长枝条，将其缠绕在一起，形成像隧道一样的拱形。由于萌芽力强，生长迅速，在早期就能做成拱形。

高3m左右的蓝冰树篱。使用单独一棵树作为树篱的现象在日本也很常见。叶子和树枝有特有的香味，泛白的蓝绿色很美。因为萌芽力强，生长快，推荐在制作大型树篱时使用。

随着时代发展而变化的树篱种类和风格

20~30年前，柏树成为日本树篱的主流，之后，有一段时间流行西洋品种的光叶石楠红罗宾。近年来，长有深绿色的美丽叶片、耐湿热的利兰桧很受欢迎。但是，由于利兰桧生长迅速，也有不适合种植的地方。今后，用来制作树篱的阔叶树的需求将会进一步增加，例如，适合制作大型树篱的地中海荚蒾。在有高度限制的地方，可使用灌木番樱桃做出美丽的树篱。

种植箱蔬菜园，增添园艺趣味

6月
June

种植箱是把蔬菜与鲜花混合一起，结构或布局被精心装饰过的栽植方法。6月份，让我们分享一下在袖珍庭院培育种植箱的乐趣吧！

1. 种在种植箱边缘的欧芹和伏胁花。欧芹经常被用来作为料理的色彩点缀。还可以再加种香草、迷迭香等香草类植物。

2. 在黄瓜藤的根部附近种植了3株小山蒜，错开收获时期，合理有效地利用空间。

3. 种植10天左右，黄瓜藤就会旺盛地生长。必要时可以增加支柱进行辅助。

在种植箱中享受收获蔬菜和观赏鲜花的乐趣

在法国，人们习惯用各种蔬菜搭配制作成的种植箱来装饰庭院。在有庭院相伴的岁月里，植物的生长、开花、结果等，有着各种各样的乐趣，能把这些乐趣全部聚合在一起的是种植箱。果实蔬菜类最多的夏季是制作种植箱最合适的季节，一般在初夏开始种植。

可以在庭院的角落堆积一些土壤，当然也可以利用种植箱、阳台或者露台等。在不能直接进行地面种植的地方，使用稍微大一点的种植箱就能很轻松地获得家庭菜园的乐趣。使用富含堆肥和有机肥料的优质土壤，一起享受收获蔬菜和观赏鲜花的乐趣吧。

沐浴着阳光茁壮成长的黄瓜、
圣女果、茄子。因为不以收获
果实为目的，所以种植的植物
种类比较繁多。

```
1 │ 3
─────
2 │ 4
```

1.在黄瓜旁边种下的茄子开始结果。3种植物共用的支柱，为了营造种植箱的氛围，使用了粗糙的栗材木棍。

2.结紫色果实的观赏用辣椒和颜色别致的黄雏菊为庭院空间增添了色彩。

3.掩盖住种植箱边缘扩散开来的伏胁花是花期长、生命力强的一年生草本植物。

4.摘去侧枝，把主枝系在支柱上的圣女果也开始开花了。

种植箱的制作

材料

按照季节，逐渐长大的、有颜色的、下垂的植物类型可自由组合。

茄子

小山蒜

罗勒

欧芹

圣女果

黄瓜

黄雏菊

鼠尾草

木槿

观赏用辣椒

伏胁花

木质托盘

防草布

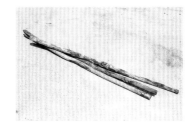
支柱

任务1

插秧的准备

果蔬类植物收获期很长，所以在种植时，最好在市场上出售的蔬菜用培养土中加入缓效性的有机肥，如堆肥熟透腐叶土等。

① 在内侧贴了铁皮板的木质托盘上铺上防草布。

② 底部铺上便于排水的珍珠石。

③ 将事先混合了肥料的培养土装满木质托盘。

④ 根据生长的程度，从长得最大的开始配置。

⑤ 一边调整间隔，一边完成整体布局。

任务 2

进行插秧

在种苗前，将植物育苗盆浸泡在装满水的桶里，令其吸水，直到泥土表面不再起泡。

⑥ 把准备好的秧苗暂时从木质托盘上移开，从最内侧开始种植。

⑦ 按顺序，直到种满木质托盘。

⑧ 按照最初的布局，插秧完成。

⑨ 预估植物生长趋势，在种植箱后面竖立支柱。

⑩ 为了方便藤蔓攀爬，等距离地环绕放置螺旋状麻绳。

完成效果

完工后的细节

具有装饰性的支柱和辣椒、西红柿、茄子等的种植做到这种程度就足够了。黄瓜或者苦瓜等带有藤蔓的植物，生长非常旺盛，在旁边增加支柱，或者诱导其爬向附近的围栏墙壁。

1｜2｜3　1. 随着植物生长，在有树荫的地方种植罗勒和木槿。
2. 3根支柱聚在一起，用麻绳紧紧地将其捆绑。
3. 竖立支柱后，完成。栽植完毕后，浇灌足够的水。

带有种植箱的庭院

模式 A

在家庭小菜园里种植应季的香草

在楼台的一角用砖块砌成的花坛，加上种植箱，完全可以称为家庭菜园。以香草类植物为中心，还种植了孩子们喜欢的草莓。根据季节，种植可以用来做菜的 1 年生草本植物非常不错。从春季到秋季，推荐种植罗勒、紫苏、细叶芹等。

$\dfrac{1}{2\ |\ 3}$

1. 白色的露台和围栏让整个空间显得格外明亮，成了孩子们玩耍的地方。围栏上安装了装饰架，变为展示台。
2. 在花坛旁边种植了草莓，成熟期过后，匍匐茎延伸，会覆盖全部空间，建议将其拔掉换成花盆植物。
3. 最内侧有带着花芽的意大利欧芹。除此之外，还种植了香草、迷迭香、鼠尾草等。

1 | 2
3 | 4 | 5

1．在 BHS around 庭院里阳光最充足的地方制作了种植箱。
2．在黑红色的大丽花和巧克力秋英之间，种植着球茎甘蓝和圣女果。
3．被称为"趾钩"的御寒框架。本来是装有玻璃的物件，但在这里作为艺术品使用。
4．种植了紫色的藿香蓟和灰绿色的芸香。
5．花坛镶边的是常绿灌木番樱桃。

用常绿树镶边的地 栽种植箱

在庭院的一个角落里堆积土壤，用柳树的围栏作为挡土墙的花坛里，蔬菜和鲜花混种在一起。即使是在地里种植，也因为堆高土，排水更好。另外，施用含有机肥料的土，更有利于植物生长。如果栽植不需要移栽的黄杨树和金银花等小型常绿树镶边，即使在冬天也很漂亮。

种植箱种植要点、栽培护理及收获与欣赏

❶ 种植要点

Ⅰ 蔬菜苗的选择方法

春季选果菜类蔬菜，秋季选叶菜类蔬菜

蔬菜的苗，通常一株就会长得很大，超出预想。在空间狭窄的情况下，应减少蔬菜的比例，多种植开花植物的秧苗，这样会比较容易管理。同时，秋季选择种植叶菜类蔬菜，春季选择种植果菜类蔬菜，这样能减少病虫害的发生。

Ⅱ 花苗的选择方法

选择视感强烈的花朵进行搭配组合

在种植箱种植的花苗，混种的蔬菜叶子量比较多，一般的种植搭配比较困难，选择颜色鲜艳的花朵，汇聚一起效果会比较统一。红色、黄色、蓝色等，大胆使用原色系进行组合尝试也很有趣。

❷ 栽培护理

Ⅰ 放置场所和浇水

浇水要适中

因为是蔬菜，放在光照条件好的地方最理想，圣女果、小山蒜、罗勒、紫苏等，能保证半天以上的日照时间就可以。浇水应选择在早晨或傍晚的固定时间进行充分灌溉。与土壤一直保持湿润相比，土壤干了之后再浇水，能促进植物根的生长。

Ⅱ 施肥与其他管理

定期增加营养成分

虽然土壤里面事先掺进了肥料，但是植物只能吸收溶解在水里的营养。在使用种植箱进行种植时，1~2周需要进行一次液体肥料喷洒。大多数果菜类蔬菜需要支柱的支撑。在种植箱里种植植物时，需要摘除侧芽来抑制秧苗的大小。

❸ 收获与欣赏

Ⅰ 收获时的要点

蔬菜用来食用之外的观赏方法

使用种植箱的乐趣之一，是收获蔬菜的果实，并且食用。同时果实也有观赏的乐趣。不要一定按照收获时期采摘果实，放任它们自由生长并长出种子，欣赏它们的变化也十分有趣。

Ⅱ 收获后的处理方法

避免植物重茬

在拔掉收获完毕的植物秧苗后，准备种植下一季蔬菜时，要注意连续种植同一科的植物会造成重茬，最好是选择种植其他种类的植物。或者，不种植植物，摆放一些杂货类的观赏品，留下支柱挂上装饰品也别有风味。

法式风韵的庭院设计创意

07　莫奈花园篇

下面，从每天都有许多来自世界各地的游人参观的吉维尼莫奈花园中探索造园理念。

以莫奈家房子为背景，前面盛开着郁金香。

据说，可以看到以"龟户天神"的太鼓齐桥为主题的小桥和池塘。站在垂柳下，可以看到种类丰富、变化多样的植物。

茂盛的仙人掌与装饰根部的南庭荠聚集在一起。前景中的鸢尾花开着淡蓝色花朵，粉红色、红色的南庭荠装点着道路。

以紫叶李为中心，在刚发芽的粉红色、红色的南庭荠之间散落种植着接近红色的黄色郁金香。

像画家的调色板那样向美丽的颜色表达敬意

在考虑造园时，与莫奈家前院相比，池塘的周围更具有参考价值。花色与叶色的运用妙趣横生，犹如画家的调色板，即使用了浓重的色彩，也总是与周围的环境融洽。例如上图，黄色郁金香与接近棕色、深红色的铜叶树相结合，营造出和谐的氛围。而在日本经常唯恐避之不及的粉红色、红色杜鹃花也融入种植之中。此外，植物形态组合丰富多样，植物排列互为衬托。

修剪塑形庭木，优化庭院空间

7月

July

适度修剪对于树木的健康生长是必要的。
如果根据每棵树的特征采用相适应的方式进行修剪，那么就可以得到优美的形状。

修剪前

已长到约 8m 高的白杨柳修剪前的状态。因生长快，所以不适合一般家庭种植，但叶子背面为白色，整棵树看起来白绿色相间，即使在夏天也很清爽漂亮。在有限的空间中，可以通过每年修剪 2~3 次来控制其大小。

修剪生长过长的枝叶，防止病虫害的发生

随着夏天的临近，春天长出的新鲜绿叶变得越来越暗，花园中的植物变得越来越茂密。适度地修剪可以保持良好通风，让阳光照进庭院。由于夏天也是受害虫影响最大之时，所以还要在修剪的同时，剪掉病枝并驱除害虫。

此外，对于以豆科和杨柳科为代表的生长速度非常快的树种，在 7—8 月进行修剪，是防止树木在台风季被刮倒的有效手段。通过修剪灌木，可以改善通风，即使在气温升高的夏季也可以抑制因高温、高湿而引起疾病暴发。

7月下旬的 BHS around 庭院。杨柳经过修剪后，之前树下未受阳光照射的灌木根部也可以照到阳光。

秘诀 A | 修剪人行道上的树篱

修剪前

修剪后

约半年前修剪过的月桂。枝叶已经悬垂在路上方，开始影响交通。

上面有花蕾的部分保持原样，枝叶按照成年人的高度，并对照路缘石的位置进行修剪。

任务 1

修剪成型

发芽力强、茂密的常绿树，常用作绿篱和树木造型用树，即使初学者也可以进行修剪。

① 首先决定要修剪多少，然后从边缘开始修剪。

② 使用修枝剪，从垂直方向进行修剪。

③ 偶尔从远处看，检查一下修剪得是否整齐。

④ 与成年人的身高对齐，以相对自然的方式进行修剪。

秘诀 B | 花期后修剪伸展的树枝

修剪前

修剪后

种植在枣树根部的落叶植物六道木生长旺盛。需要对其进行修剪，使地被植物能够得到光照。

由于6—7月上旬花瓣已经掉落，因此对其进行了间隔修剪，剪短了长度，并且将老枝从根部剪掉，给人一种整体小而轻的印象。

任务 2

修剪过长的树枝

在灌木中，对于从地面长出许多枝条的植物，为了控制其大小，同时保持自然的树形，需要定期对其进行修剪。

① 确认需要剪掉的枝条。

② 选择看上去比较老而粗的枝条，从根部完全剪掉。

③ 剪掉几根枝条后，把突出的枝条塞进去。

④ 看一下整体效果，并调整大小。

⑤ 按照修剪前2/3的大小完成修剪。

秘诀 C | 把大树变成小而自然的树形

修剪前

长出两棵树，一棵杨树和一棵枣树。杨树的枝叶已经生长延伸到了邻居的院子里，建筑内部也因被遮挡而变暗了。

任务 3

自然树形的修剪

想控制大小，保证其自然的形状，可以采用剪短枝杈的方式进行修剪。修剪重叠枝时，需要剪掉长枝，保留另一侧枝条。

① 剪掉从根部附近延伸出来的不必要的枝条，使其更容易爬树。

② 首先，用锯子将粗枝进行间隔修剪。

③ 选择一个枝叶的高度作为基准开始修剪。

④ 以一个已经修剪好的枝条为基准，对其他枝条进行修剪。

⑤ 手够不到的地方，采用加长的修枝剪进行修剪。

修剪后

结果多的枣树不需要修剪,只需修剪杨树。修剪后的整体效果十分出色。

⑥ 对照高度,对宽度进行修剪。

⑦ 确认整体效果的同时,调整修剪枝条。

⑧ 从上至下,以同样的方式进行修剪。

⑨ 需要调整大小时,对细的分枝进行修剪。

⑩ 遇到干枯的枝条时,需要将干枯部分全部剪除。

⑪ 向内侧生长的枝条也需要剪除。

秘诀 D ｜剪掉生长过密的枝条

修剪前

修剪后

栽种后放任其生长 4 年的乌桕已经压到了沿着外墙生长的玫瑰。

即使将乌桕挤得很紧，树形也不容易被打乱，所以可以将下部的树枝剪掉，同时对上面部分进行修剪。

任务 4

剪小一圈

对于树形不容易被打乱的树木，可以将枝条的前端剪断。对将来要生长的枝条进行适度修剪，调整整体树形。

① 首先，剪掉与沿着建筑生长的玫瑰绕在一起的树枝。

② 确定修剪的尺寸，然后从高处的树枝开始进行修剪。

③ 剪除分枝部分时，在想要保留的分枝上部进行修剪。

④ 根据大小，对超过参考基准的枝条进行修剪。

⑤ 修剪后，树木整体缩小了一圈。

树木的修剪方法、维护管理与病虫害防治

① 修剪树木的时间和方法

类型 A　落叶树

在休眠期完成

一般情况下，落叶乔木的最佳修剪时期是其休眠的 11 月至次年 2 月的落叶期。但是，对于生长快、树形不易被打乱的树木，可以在 6—9 月的生长季节进行修剪。

类型 B　常绿树

在花蕾落下的雨季进行

一般来说，常绿乔木的最佳修剪时期是花蕾已经发芽的 6—7 月。但是，如果对以金合欢为代表的快速生长的常绿乔木进行修剪，可能会导致其死亡。

类型 C　灌木

在地面附近修剪以促进发芽

最佳修剪时间因树种而异，但为了缩小尺寸，如果只修剪树枝端部，树形给人的印象会很生硬。可以从根部剪掉旧的枝条，通过新长出的枝条来保持其自然的树形。

类型 D　藤蔓植物

合适的时间取决于性质

暖季植物的修剪适合选在春季和秋季较温暖的时期。落叶类植物，应根据花期而有所不同。如果在寒冷季节修剪暖季植物，可能会导致其枯萎。

② 树木的管理

Ⅰ　定期维护

检查支柱，防止腐蚀

新种植的树木和树篱的支柱需要使用数年。固定支柱和树木的绳索会因树木的生长而扎入树木，对其造成损伤，因此，每 1~2 年需要重新绑扎。

Ⅱ　施肥和季节性管理

果树需要定期施肥

对长势较弱的树种和果树，每年应施肥 2~3 次，以促进其生长。此外，暖季开花的树木和棕榈树在冬季可能需要用草坪布进行包裹。

③ 病虫害的预防与对策

Ⅰ　关于病害

喷洒农药是最后的手段

最好的病害控制方法是根据日照、通风和土壤的条件来选择树种。如果已经发生，可以通过施肥以去除病害部分并恢复树木活力，农药可作为最后的手段。

Ⅱ　关于虫害

针对可能发生的每种害虫的防治措施

与病害一样，虫害最好的预防措施是选择适合环境的树种。大多数发生的虫害都是针对某个特定树种，因此我们需要采取相对应的措施。

法式风韵的庭院设计创意

08　安德烈·雪铁龙公园篇

在世界知名的安德烈·雪铁龙公园中，各种亮点和独创性愉悦了市民，在这里我们可以挖掘出许多造园小窍门。

被称为"金之庭"的区域主要由黄色叶子植物组成，包括前景中的绣球和金梅以及中心的金叶接骨木。

"银之庭"的主题是银梨，脚下是薰衣草和洋蓟。常春藤和树篱用于颜色对比。

"黑之庭"。墙壁被黑色的大理石包围，种植着黑松、山松、黑龙、黑色的紫罗兰、郁金香、德国鸢尾等。

"蓝之庭"整体为低矮布局，包括醉鱼草、紫藤、美洲茶等树木，以及地中海蓝种花和花韭等鳞茎植物，还包括丛生福禄考、棉毛水苏等多年水生草本植物。

一个有凝聚力的花园取决于主题的选择

公园将场地划分为以自然和几何为主题的两个区域，设有以色彩和5种感官为主题的6个花园。其中，蓝之园的副主题是"嗅觉闻"，选择种植有香味的花；以"味觉"为主题的红之园盛产苹果和樱桃；绿之园的主题是"听觉"，人们可以通过玻璃风铃听到并感受风的声音。在考虑造园时，决定主题后会使设计变得容易。即使选择了以你最喜欢的颜色为主题的植物，它也会成为一个有趣的花园。

创建绿荫花园，打造幽静之地

8月

August

在城市中，即使有花园，也未必能照到阳光。绿荫花园常给人一种不显眼的错觉，但我们可以通过营造背景氛围并选择栽植适合的植物来营造一个极具吸引力的花园空间。

风格 A | 绿荫花园四季的变换

季节 1

初夏的绿荫花园

梅雨季节时绿荫花园的景色。盛开着的安娜贝尔绣球花和东方百合。

通过选择与环境相匹配的植物，创造一个宁静的花园

绿荫花园是通过在大空间种植高大树木而创造半遮阴环境的花园。在日本，花园往往位于建筑物之间，其一部分或整体往往为半遮阴或遮阴类型。

即使是绿荫花园，根据湿度的高低、通风的好坏等因素，适合栽植的植物也会有所不同。一般情况下，我推荐选择耐阴性强的灌木和地被植物。如果为了欣赏花，可选择绣球花、圣诞玫瑰、地中海蓝种花、荷包牡丹、匍匐筋骨草、短柄岩白菜等植物。另外，还可以选择花叶羊角芹、花叶青木、枫树及蕨类植物等完全喜阴的植物。

		4
1		
2	3	

1. 在装饰架上的网上缠绕着铁线莲和常春藤，紫阳花根部的玉簪和矮桃鲜花正在绽放中。
2. 工作台上放置着带白色斑点的爬山虎、金叶苔草等彩叶植物。
3. 东方百合在庐山梣枝干下绽放，与铜叶紫薇形成对比，美不胜收。
4. 紫荆的白色斑点和绣球花的白色花朵为绿荫花园增添了鲜艳色彩。

春季的绿荫花园

5 月初的花园，春意盎然，铺地筋骨草、荷包牡丹、楼斗菜、大吴风草等多年生花卉相继盛开。

1	2
	3
4	5

1.已长成大树的木兰和枫树投下阴影的绿荫花园。涂成淡灰色的格子栅栏在吸收光线的同时也起到了遮挡视线的作用。

2.在中间种植了东亚唐棣，创造出一个充满野趣的庭院。

3.室外空调机的机罩涂成了周围网的颜色，把它做成了一个展示小碗的展示角。

4.将客厅正前方的位置作为焦点，设置了小鸟喝水的水池，并设置了两个小鸟雕塑。将水龙头上的把手设计成小鸟造型。

5.匍匐筋骨草和活血丹草等地被植物生长旺盛。

89

绿荫花园的植物搭配技巧

通过搭配特性鲜明的植物使花园变得明亮丰富

在建筑物阴影下的花园中或有大树的花园中选择中灌木时，推荐绣球花、蓝莓和加拿大唐棣等耐阴性强的树种。为了不让花园的整体氛围变暗，花卉的选择是有一些要点的。黄叶、铜叶、杂色叶等的使用，对比树叶纹理或叶色的差异，以凸显强调彼此的个性特点。同时，建议使用绣球花和鱼腥草等白色花朵作为点缀，增加整体亮度。

○耐阴性的圣诞玫瑰

从冬天到春天，花卉让花园变得绚丽多彩。这些花卉可以生长在阴面，但因为在花期更喜欢阳光，所以建议种在落叶树下。

○不同颜色树叶的组合

如日本蹄盖蕨、黄水枝、淫羊藿、紫叶鸭儿芹、野芝麻、绣球钻地风等叶子形状不同且颜色不同的植物相互交错，可以衬托出彼此的美丽。

○不同形状树叶的组合

掌形树叶的棕榈叶、心形树叶的绣球钻地风、复叶大戟等，以及线形、圆形、卵形、椭圆形等多种形状的树叶组合在一起，可以给人以深刻的印象。

○杂色叶子的良好组合

杂色叶子照亮了花园。有些植物在阳光下容易被灼伤，因此非常适合种植在阴面。照片中间长着杂色叶子的植物是斑叶玉竹。

○用藤蔓植物演绎出自然感

藤蔓植物与树木、栅栏等交织缠绕在一起，在花园中营造出一种柔和的氛围。隐藏一些人造构筑物可以获得自然氛围。

○种植能开花的耐阴性植物

匍匐筋骨草和细梗溲疏开出的花充满了魅力。强大的匍匐筋骨草像垫子一样蔓延开来，用美丽的蓝色花朵覆盖了花园。

○树下种植的植物

树下种植了粗齿绣球花、东方百合、矾根等，覆盖了树木与地面相连的部分。

添加杂货和家具，打造华丽的绿荫花园

从春天到初夏，在花园的树荫下放张桌子或椅子休息一下也是非常不错的。

家具和色彩鲜明的布艺制品可以为较暗的空间增添色彩，营造出华丽的氛围。

在炎热的天气里，把绿荫花园当作避难所也是非常有趣的。将浅色防水布贴在树枝上可创造出凉爽感。

傍晚到夜间，利用驱蚊蜡或灯笼提供照明非常美好。夜间在花园享用美食也是享受夏季的一种独特方式。但是，因为这个季节蚊虫增多，因此需要大力修剪树木以改善通风。

$\frac{1}{2}$ 1. 6 月的 BROCANTE 花园，架上了粉色的篷布，打造成华丽的绿荫花园。
2. 紫色的花园椅、靠垫、杂货等搭配粉色的篷布。有客人来时，可以用纯粹、自然的氛围迎接贵宾。

绿荫花园的营造与管理方法

① 营造绿荫花园

重点是植物和杂货的选择

在城市中，相邻房屋较多，阴影面积趋于增加。营造绿荫花园时不仅要合理选择可以在阴凉处生长的植物，植物的布置、家具和物品的使用与摆放也是非常重要的。通过营造展示空间，才能使阴影面的阴暗印象转变成平静、舒适的空间氛围。

- **确认现状**
  检查亮度和干燥度等，确认阴影处的实际情况。

- **考虑构筑物和植物的布置**
  通过查看与围栏和铺装部分的搭配比例及平衡关系来确定位置。

- **确定植物的大小**
  选择乔木、灌木、草本植物、藤本植物等所需要的种类。

- **选择适合环境的树种**
  选择与阴影程度相匹配的植物。

- **栽种**
  考虑叶子的颜色和形状，均衡搭配种植。

② 关于如何种植

树木的选择与搭配方法

选择与日照条件变化相对应的植物

即使在阴凉处种植喜阳的藤蔓植物，也可以通过利用栅栏和围墙引入光照使其生长。栽植落叶树时，其根部会在冬天暴露在阳光下，可以搭配种植一些冬春季观赏植物。推荐秋季种植球茎、仙客来和报春花等。

叶苗和花苗的选择与搭配方法

带斑点的叶子和彩色叶子的使用要点

带斑点的叶子和彩色叶子，与其单独使用，不如和基本色绿色植物搭配使用更加漂亮。对于整体植物较少的种植区，控制数量调整布局是非常重要的。需要注意的是，如果使用过多，则会失去平静安宁之感。

③ 绿荫花园的管理方法

I 地被植物的养护

不要怕被自然淘汰

彩叶植物与花卉相比所需维护更少，但几年后会长得更大，周围的植物会被淘汰。如果它变得太大，可以在冬季休眠期间进行分枝。相反，如果被淘汰，可以种植适合该区域的植物。

II 中高树木的养护

通过修剪中高树木促进地被植物的生长

绿荫花园的魅力往往在于地被植物，所以对产生树荫的中高树进行适度修剪，让阳光照在这些地被植物上是非常有必要的。从雨季过后到夏天这段时间，树木逐渐发芽，建议适度修剪梳理枝条。

法式风韵的庭院设计创意

09　巴黎植物园篇

有着400年历史的巴黎植物园里种植着各种植物，这些植物组合给我们的种植计划提供了丰富的参考。

种植着德国鸢尾和多年生植物的花园。在盛开的苹果树后面，山楂树开着粉红色的花朵，浓密的牡丹花也盛开着。

中央的德国鸢尾被红色牵牛花构成的绿篱包围着。

常绿灌木龙葵盛开着花朵。

一个拥有2000种以上植物的山野花园。被称为"野菜垃圾"的荚果蕨的背后，中国珍稀植物黄花菜正盛开着白花。

蓝色的地中海蓝种花和盛开着的淡紫色杜鹃花。

接触了解原始植被，获得造园必备的种植知识

在巴黎植物园，玫瑰和野花等按照植物的分类以花园的形式展示，几乎所有的植物都会附上名牌。各种植物都生长在适合的环境里，因此可以了解到植物的原始形状和大小。例如，在阴凉的角落，可以看到因阴凉程度不同生长的植物也有所不同，如果种植在土坡上，则可以看出它是一种喜水的植物。此外，由于大树已经维护了很长时间，因此可以看到很多东西。如果你在日本植物园里以同样的角度观察，应该也能够增加对植物的认知。

规划种植植物，构建自然景观

9月
September

就像山林中每一个地方都有植物自然生长一样，如果把花园里的乔木、灌木和地被植物自然结合起来，就会实现一种自然而平静的种植效果。

旨在像自然生长的森林一样实现自然而平静的种植效果

虽然风格不同，如自然风格、现代风格等，但植物组合的基本原则还是相同的。将植物当作与考虑构造物相同的方式来考虑，并且考虑其体积、质地和颜色等要素来进行组合搭配。

下面，我们将庭院种植的植物按照其大小和作用分成5类进行介绍。

类别1
主要树木
一个空间中最大的或者中心的树木，也可以使用藤蔓植物或者灌木。

类别2
次要树木
比主要树木略小的树木，连接主要树木和低矮植物。

类别3
低矮植物
种植区域内类别1、类别2之后重要的组成部分，以灌木和大型多年生草本植物为主。

类别4
地被植物
覆盖种植带与地面连接的部分，有了这部分，使整体变得自然。

类别5
藤蔓植物
所有的藤蔓植物如果达到一定规模，也可以起到同类别1相同的作用。

花园房子旁边的种植空间，将主要植物蓝莓、低矮植物绣球与地被植物细梗溲疏组合在一起。

注：上面介绍的类别1~类别5，反映在p.96~p.102的编号中（植物名左侧①~⑤标记）。

制作不同区域骨架的种植技术

模式 **1** | 地面种植的庭院

保留与庭院环境相匹配的植物，营造出自然宁静的氛围

即使严格进行维护，并配合 5 种分类进行栽种，2~3 年后 20% 左右的植物也会被淘汰，其中主要是地被植物。

剩下的植物会形成稳定的种植区，营造出自然的氛围。在 A 庭院里，考虑到被淘汰部分，因而多种植了一些植物。

A ———— 种植 **2** 个月后

一年四季都可以赏花的庭院

③ 宿根柳穿鱼

耐寒宿根植物。株高，花色有白色、粉色、紫色。花期长。

① 光蜡树

常青树。因其给人以叶子小且柔软的印象而广受欢迎。

③ 邱园玫瑰

落叶灌木。花期长的单朵玫瑰，花色为白色至乳白色。

⑤ 亚洲络石

常绿藤本灌木。叶子比络石更薄、更柔软。不耐寒。

② 紫叶风箱果

落叶灌木。古铜色叶子非常漂亮。春天绽放白色花朵。

一个种满杂树的野趣庭院

② **具柄冬青**

常青树。给人以叶少而轻的印象。雌雄异株，雌树结红色果实。

① **四照花**

常青树。树形整齐，初夏开白花。秋天时的红叶也很美。

③ **额绣球花**

落叶灌木。绣球花相对较大，花色由红到蓝。

④ **箱根草**

耐寒宿根植物。本种为黄叶型，为树荫增加了亮度。生命力顽强。

④ **铃兰**

耐寒宿根植物。5月开白花。生长在根茎上，逐年横向蔓延。

①加拿大唐棣

落叶乔木。果实饱满，6月的红色果实可以直接食用。

②圆锥绣球

落叶灌木。树形为发散状。6—8月开白色小花。

③栎叶天竺葵

常绿灌木。叶子略带灰色，花朵为白色或浅紫色。抗海风。

② 刺鼠李

落叶灌木。由于树枝像藤蔓一样生长，因此可以将其引到墙壁表面。

③ 大花六道木

常绿灌木。体型小而黄叶型。很强壮，初夏开白色花朵。

即使种植空间的大小发生变化，植物的作用和比例也不变

即使在过道旁的种植带等狭小的空间内，也可以像在花园中一样进行种植。此外，适当布置常青树，即使在冬天也能保有绿色。和花园一样，如果主要树木为类别1，则次要树木和低矮植物为类别4 ~ 类别5，

地被植物也为类别4~ 类别5，这样设置时整体的平衡感会比较好。自古以来，日本一般家庭的花园中，主要树木占据了整体的50% ~60%，从这一点可以看出造园理念的不同。

模式 **3** │ 栅栏周围

①地中海荚

常绿灌木。耐旱，叶密，初夏开白花。

⑤绣球钻地风

落叶藤本灌木。喜光，开类似绣球花的白色花朵。

④百里香

常绿灌木。喜光，喜欢沙子那样排水性好的土壤。

① 冬青

常青树。属冬青科，叶子又薄又软。在秋天结出红色的果实。

模式 **4** │ 角落

③蓝莓

落叶灌木。长在半阴处也可结果，枝干健壮。单株即可结出果实。

⑤黑莓

落叶藤本灌木。生长旺盛。阳光照射充足时它会结出很多果实。

①紫薇

落叶乔木。一种在日本已经存在很久的开花树，6—8月开花，花期很长。

②柠檬

常绿灌木。在柑橘类水果中，抗寒能力较弱，冬季需保温维护。

模式 5 | 种植区

⑤蔷薇

落叶藤本灌木。种类很多，但初学者应该选择较小的品种。

①白鹃梅

落叶灌木。早春时分，整棵树上长出像梅花一样的白花。树形紧凑。

③薰衣草

常绿灌木。比较健硕，四季开花。开花后，经修剪，抗闷热能力增强。

④天竺葵

耐寒性宿根草。有一些原产于日本的种类。抗闷热能力较弱。

模式 6 | 种植池

⑤ 金银花

落叶藤本灌木。它在初夏盛开甜香的花朵。生命力强。

① 橄榄

常青树。叶子呈灰色，对土壤的适应性强，易于生长。

③ 紫阳花

落叶灌木。生命力强，即使在阴凉处也能开花。不易遭受虫害。

④ 百子莲

常绿多年生植物。有冬天落叶的品种，生命力强，容易栽植。

模式 7 | 花坛

① 四照花

落叶乔木。树枝整齐。小乔木中偏小的一种，适合日式住宅。

① 橄榄

常青树。附近有不同的品种，容易受粉，成熟的树木会结果。

④ 千叶兰

常绿灌木。抗寒能力稍弱，但非常强壮。因其生命力强，适合初学者栽植。

③ 迷迭香

常绿灌木。也可用于烹饪用香料。因其枝叶健硕，故可作为种植区的骨架种植。

从集装箱式花园到庭院，都可以采用均衡的方式种植植物

植物按照大小可分成 5 类，即使是相同的树种，根据栽种空间的大小，其分类也会有所调整。这种分类不是学术上的分类，而是一种栽种植物的布局方法。以此为指导，无论种植空间多大，都能够均衡地种植，即使是集装箱式的花园也同样如此。

模式 8 ｜露台

②香桃木

常绿灌木。抗寒能力较弱，叶片芳香。夏季要注意屋檐下的红蜘蛛。

③白千层

常绿灌木。从初夏到盛夏开深粉色花朵。喜光，抗寒能力较弱。

①光蜡树

常青树。甲板挖空种植，也适合容器栽培。

④蔓马缨丹

落叶灌木。它长得像藤蔓，能开出粉红色和白色的花朵。开花季节从春天跨越到秋天。

模式 9 ｜阳台

⑤铁线莲

落叶藤本灌木。通常很容易在盆中生长，但抗热能力较差。

③薰衣草

常绿灌木。耐干旱，喜光，叶片芳香，抗虫害能力强。

①橄榄

常青树。在容器栽培中，当根部堵塞时，叶子的数量会减少。每隔几年需要重新栽种。

④银灰旋花

常绿多年生植物。叶子银光闪闪。喜欢阳光。抵抗闷热能力较弱。

通过一个容器花园，可以享受随意的变化效果

用容器种植植物和在地面种植植物的区别在于，前者可以通过使用架子或使用吊盆改变植株高度，使其看起来更具立体感。而且，小容器可以移动，因此可以根据季节变化情况重新排列它们。

还有一种布局方法是用家具和杂货代替植物，弥补植物种类不足，进而完成空间的配置。

种植植物要点和后期维护

① 关于种植材料

要点 1：各种材料的选择方法

需要明确庭院环境和自身喜好

在很多植物中很难选择实际种植的品种，但可以通过明确种植地点的环境和自身喜好来缩小选择范围。比如，"环境为半阴，花期长，叶子薄"等条件有助于将需求具体化。

要点 2：购买苗木时的识别方法

选择根系牢固的树

选择用布包裹根部的树时，需检查根部周围的土壤是否已经掉落。如果已经掉落塌陷，则根部可能已经受伤。另外，树木是有朝向的，有些树没有好看的朝向，所以要环绕一周进行确认。

要点 3：材料的组合方法

结合不同个性的植物

无论是小花苗还是大树，通过与其他植物进行组合和搭配，都可以创造出迷人的效果，彰显出每种植物的个性。具体来说，如果你选择与叶子形状和颜色均不同的植物相邻，那每种植物的特征就会脱颖而出。

要点 4：要避免的组合

避免栽种生命力过于旺盛且强壮的植物

如果想在狭小的空间内欣赏种类繁多的植物，那就需要避免种植如薄荷和竹草等根茎生长旺盛的植物。几年后，整个区域将被这种类型植物覆盖，重新种植非常困难。

② 种植植物的要点

Ⅰ 栽种时间

适时种植，减轻植物负担

常绿乔木和落叶乔木的最佳种植时间不同，但同时种植的最佳时间是 3—4 月。夏季要种植落叶乔木时，需要修剪树叶，以减轻树木负担。

Ⅱ 注意点

种植时，别忘了浇水

植树还土时，应在根盆周围多浇水，使树坑及周围保持充足的水分，这称为"连根水"。通过浇水渗透，可以避免土壤空洞的形成。

③ 种植后的维护

栽种后为了能使植物生根，需要立即浇水，并保证水分充足

种植后，不分季节均需浇水。种植后 1~2 个月，植物还没有生根，所以要保证水量充足，尤其是在生长季节。

一旦土壤干燥，即使马上浇水，也只能保证土壤表面湿润，水可能无法到达根部。在春夏季容易干燥的季节和植物经常暴露在阳光下的区域等，需要适量多浇水。

法式风韵的庭院设计创意

10　植物组合篇

在造园中，植物选择至关重要。什么样的植物组合才能让庭院看起来生机勃勃？本篇参考了在法国随拍的种植带。

高速公路休息区的种植带。以紫杉制成的树篱为背景，从左侧开始依次是日本小檗和厚叶栒子，左下角近景中的是夹竹桃，后面则是大花六道木。

近景中的荚果蕨和玉簪与落新妇后面的黄鸢尾组合在一起，这种种植布局衬托了相互之间叶片形状的不同。

池塘边的种植带。开着白花的是水亚木和羽衣草，背景中的是白头婆，铺上步道的是鬼灯檠。这些植物之间点缀着单子叶植物。

极简容器中带斑点的是海桐花和墨西哥橘，深绿色的黄杨和月桂叶的组合也是标准的组合方式。

巴黎郊外城堡的庭院。左侧远景中通过日本山梅花和榛的赤叶种组合让平时司空见惯的棣棠花显得更有魅力。

植物的组合，
以叶片的形状和颜色为主要考量要素

为了让植栽能够长时间看起来枝繁叶茂，最重要的就是以植物的叶片大小及形状加上颜色为主要考量要素。考量要点是将相邻的叶片在形状和颜色上存在差异化以及具有呼吸感的品种进行组合，并且保证能够相互衬托。同时，推荐使用有空间收缩感的茅草或麻兰这类单子叶植物。话虽如此，无论怎样组合，为了让植物能够在种植场所中以自然且顺畅的状态生长起来，选择符合当地光照条件和土壤条件的植物也是重中之重。

种植箱植物展，提升艺术品位

把植物种植在喜欢的种植箱里展示，
是一份让人心情愉悦的工作。活用爱玩的内心，一起把生活空间装饰得更加美好吧！

季节的搭配风格

季节风格 1

秋冬

花艺术家修剪过的黄杨放到大号的种植箱中作为中心摆本，同时为了配合中号而采用墨绿系的大戟、家而兰进行组合装饰

SAUF SERVICES PUBLICS

通过将家具与杂货一起摆放展示，醉心于创造富有格调的空间

停车场的一角以及路边，甚至自家场地内小小的空间，只要利用种植箱，就可以将环境变身成能够享受绿色植物的空间。使用或组合大号的容器会给人以清爽舒畅的印象，而使用小号的容器并且与杂货组合摆放则可以营造出可爱的气氛。根据自己的喜好和空间大小，选择合适的道具和植物吧。

作为能和植物组合的道具，最合适的就是椅子了。它和花园桌一起，与放入大号容器中的绿植进行组合后瞬间就会给人以户外空间的感觉。用于休憩自不必说，更可以用来作为摆放小号容器和植物的展示架或展示平台。

1		4		7
		5	6	
2	3		8	

1. 利用梯子可以创造出立体的展示效果。
2. 修剪过的月桂树与银叶仓鼠组合可以突出后者叶片的银色质感。
3. 可以将植物放入桶中营造不做作的自然感。
4. 通过在绿色空间内配置木质桌椅可以构筑出宽敞空间。
5. 带斑点的龙舌兰与紫绀菊组合。
6. 在中古风鸟笼中展示的玻璃瓶和小株的佛甲草。
7. 在结出果实的柠檬树旁排列着锦熟黄杨和月桂树。而最吸引人眼球的则是橘色的大丽花。
8. 阳光穿过刺槐和小苍兰的间隙洒下来的样子极富美感。

	2	
1	3	6
	4	5	7

1.把小圆桌作为放置花盆的平台，尽可能多地摆放各种植物。黄色的柳穿鱼和旱金莲以及橘色的非洲雏菊样子十分艳丽。铁质的台阶上放着紫色的风信子，同时在铁质的椅子上摆放着枝繁叶茂的郁金香。

2.5月的阳台上，白蔷薇沿着墙壁开满了白色花朵，春末夏初蚊子尚少，这样的场景充满了户外生活的气息。

3.浅色系的紫罗兰和瓜叶菊被摆放在一起。

4.堇菜旁边摆放着种着葡萄风信子和郁金香的花盆。

5.风信子的球根放入玻璃容器中，水位刚好没过球根的样子让人很享受这种养花的快乐。

6.窗边摆放着种有垂筒花和珍珠菜的花盆。

7.风信子的分枝开花种阿纳斯塔西娅也开出了可爱的花朵。

1	3	
2	4	5

1. BROCANTE 店内的风景。孤挺花巨大的花朵成为角落里的重点。

2. 种在金属花盆里的草莓、欧芹和百里香被陈列在钢铁脚踏上。

3. 在孩子的躺椅旁边用中古风的桶种下茶碗莲。

4. 在铺着山苔藓的铁丝篮里种上黑色的碧冬茄。

5. 刺槐的左边摆放的是塔状的种植台，和金属铭牌一起展示着的是种在小容器中的天竺葵和铁线莲。正面的莳萝也在努力伸展着自己的茎枝。

室内植物搭配

1	3
2	4

1. 窗边日照很充足的房间角落摆放着长有大叶子的长叶肾蕨和富有下垂感的苦苣苔组合。
2. 铁质的台柜上和各类杂货一起展示的是草胡椒和放在空瓶里的带斑点的常春藤。
3. 墙面的展示吊柜里放有线叶球兰和草胡椒。
4. 水槽的边沿被改造成了厨房花园。三叶草、小葱、豆苗均可水培栽种。

种植箱搭配植物秘诀

① 关于选择种植容器

生活杂物也可以变成有格调的容器

由于在种植箱栽培的情况下容器的存在感会得到强调，因此，同选择植物一样，对于容器的选择也相当重要。大小、材料、颜色、形状等，容器的分类和种类非常丰富，像篮子之类的生活物件也可以成为种植箱的选择之一。

·材质
主流的陶瓦容器和任何植物都很搭。白色、灰色等这些能够突出高级感的颜色也很多。

·大小
虽然容器的大小要符合植物的生长所需，但选择相对较大的容器也可以提高保水能力，同时对植物的管理也会更轻松。

·古董
有格调的古董和植物也很搭。早年间由马口铁制成的容器也是很值得推荐的选择。

② 完美搭配的秘诀

大小和形状的组合

将绿色作为润滑剂，整合各种材质

组合种植箱时，只要质感和气氛彼此呼应，就不必非要把全部材质统一。木质、铁质、烧制陶器等不同的材料与绿色植物结合后会反衬出整体的协调感。

颜色的搭配

对颜色和气氛进行有针对性的搭配

容器的颜色得到统一后，容器之间的关系就得到了强调，空间的统一感也得到了提升。同时，通过对背景颜色与植物的花色进行考量来选择容器的颜色，会得到更高的展示完成度。

③ 在各类场所尝试种植的方法

庭院地面

选择种植箱是关键

在路边或者阳台一角，通过组合不同的种植箱来构筑的园艺角会成为一个视觉焦点。然后，在无法直接进行地面种植的场所摆放种植箱是导入绿色植物最有效的手段。

阳台或者露台

大号的容器和家具一起摆放

在狭小的空间仅使用少数几个大号容器，和家具一起摆放也很值得推荐。而对于空间相对宽敞的阳台或者露台，在最容易吸引视线的一角展示绿植也是非常好的选择。

室内

选择喜阴的植物

室内种植最需要关注的点就是光照量。除了窗边以外的地方，种植喜阴的观叶植物和生活杂货一起摆放是最好的选项。另外，仅仅是在室内短时间展示，而后又放回日照充足的场所也是方法之一。

④ 方便扫除和保养的配置

春季到秋季需要注意水分不足的问题

在种植箱栽培中最需要注意的就是浇水。大号容器的保水性很好，但对于小号容器来说，在降雨很少的春天到秋天这段时间几乎每天都需要浇水。引入电池式的简易自动灌溉装置会让维护管理负担大幅减轻，同时植物也会变得更加茂盛。

法式风韵的庭院设计创意

11　墙壁上的巧思篇

在狭窄庭院里，作为背景的墙壁可以左右整体的观感和氛围，通过对背景下功夫可以提升庭院的完成度。

上：巴黎郊外住宅的庭院。对日本人来说很需要勇气使用的红色被用来涂装墙面，这与植物的体量感和花色十分契合，给人以十分华美的印象。以恶作剧的想法粘在墙壁上的壁虎雕塑玩具成为一个焦点。

左：古朴的墙壁上使用了星形的光线和镜子进行点缀。

通过布置围绕庭院的墙壁和篱笆可以大大提升整体印象

作为背景的墙壁或篱笆是左右庭院整体印象的一个重点。如果是阴暗狭小的空间，通过在墙壁或篱笆上使用明亮的颜色可以导入反射光。像上面图示一样通过改变一面墙的颜色可以产生很有趣的变化。深灰色的墙壁可以和龙舌兰或者麻兰这样富有个性的植物组合出不俗的效果。又或者通过在墙面放置镜子产生类似窗户的作用，让庭院在感受上可以更开放一些。在有一定高度的墙壁或篱笆上可使用户外灯或投影仪来营造轻松愉快的氛围。

铺设修整草坪，
邂逅郁郁葱葱

11月
November

在庭院中放置花园桌，人们可以一边享用茶点一边让孩子在一旁玩耍。在郁郁葱葱的草地铺成的庭院中度过一个下午可以说是花园生活的精髓所在。

模式 A

这是一个坐落在比道路高的位置上且日照相当充足的庭院。来客时放上附带太阳伞的桌椅，可以将庭院布置成宽阔的生活空间。

很多人都憧憬过青草繁茂的美丽庭院

铺设着郁郁葱葱草坪的庭院，是任何人都会憧憬的存在。铺设草坪有两个前提：一是日照充足；二是土壤的排水能力强。在冬天不会枯萎的西洋草，和在冬天会呈现茶色的日本草，对一般家庭而言，有着易于打理的优点。

通过修剪草坪可以让草叶逐渐细密茂盛起来。要想保持像绒毯一样美丽的草坪，需要定期修剪，无须完全清除杂草，像公园一样保持草坪与杂草并存的状态也是一种营造氛围的表达方式。

打开中古风的门户，映入眼帘的是包
夹石阶小路的铺满草坪的宽敞庭院。
特意和草坪混种在一起的小过江藤开
着白色小花在自由伸展着

1		5
2	3	
4		6

1．包围草坪的种植带由日本山梅花、一串红和鸳鸯茉莉组成。
2．花坛里放着的脚架上挂着陶土容器。
3．中古风的梯子立在墙壁边作为一个立架。
4．莲花的淡绿色和紫叶风箱果的棕红色形成了鲜明对比。
5．乔木的脚边种着开花的栎叶绣球。
6．沿着篱笆的位置日照相对充足。醉鱼草占据了大片的空间，同时，羽衣草、朝雾草和山桃草也旺盛地生长着。

1	
2	3

1. 客用车位也可以用来布置成小小的庭院。可以仅在轮胎滚动的位置用砖头或枕木铺装起来，而在周围铺满草坪。由于在宽敞的入口处设置了大门，拱门同时也可以作为花架，让铁线莲盘绕其上。
2. 门口装设了中古风的大门。
3. 停车位的旁边矗立着四照花和带斑点的锦带花，还种着开着紫色花朵的百子莲。

铺设草坪之前

任务1

连接水管

在铺设人造土壤的屋顶花园中，灌溉装置是必需的。在铺设土壤之后，首先进行供水管线和自动灌溉装置主体的施工。

① 将准备铺设管道位置处的人造土壤刨开。

② 露出事先埋好的灌溉装置的供水管。

③ 使用专用的胶水黏结管线。

④ 安装管线分路用的三通或四通。

⑤ 在装配好的管线上盖好土壤。

⑥ 在需要种植植物的位置处挖开土壤，以便排布滴灌水管。

⑦ 确定需要开掘的场地边缘。

任务2

铺设灌溉用的软管

可用来灌溉的软管有很多，在此使用的是按等距留有渗水孔的型号。

⑧ 在铺设草坪处从里向外铺设软管。

⑨ 在保证软管没有折角的情况下将其延展出去。

⑩ 软管应保持一定间距，同时保证没有漏掉的位置或死角。

⑪ 使用专用的连接器接驳三通。

⑫ 将土壤均匀地铺在装置上。

⑬ 埋伏管线后使用沙耙平整土壤。

⑭ 为了保证草坪平整，土壤层需要认真整平。

⑮ 可以在花坛中留置一些空间用来种植蔬菜。

⑯ 随意地种植蔬菜

任务3

铺设草坪

铺设草坪的要领在所有庭院中均相同。铺设时一定要保持一定间隙，然后在铺好的草坪上盖一层目沙。否则，草坪在土壤中生根的时间会延后。

⑰ 从边缘开始铺设草坪。

⑱ 铺设草坪时注意让草皮间隙保持直线。

⑲ 在靠近边缘的位置将草皮切割成合适的大小。

⑳ 使用目沙遮盖间隙。

任务4

确认装备运行

所有的铺设作业完成后，一定要确认浇灌装置是否可以正常运行。需要确认接合部位是否漏水，出水口是否堵塞，出水量是否正常，以及电磁泵是否正常运转等。

㉑ 设置雨量感应器让浇灌装置在雨天不必工作。

㉒ 电磁泵的本体需要设置到防水的小屋中。

任务5

花坛里的植栽

幼苗的根在人造土壤中会生长得十分苗壮，但地面以上部分的生长速度会相较缓慢。因此，与地面种植相比，植物的数量可以稍微多一些。

㉓ 决定花坛中剩余位置的陈设。

㉔ 在选好的位置种上喜欢的植物即可。

㉕ 种植完成后要浇透水。分隔草地和花坛的材料可以日后铺装。

铺设草坪之后

完成后的细节展示

如果使用处于生长期的草坪，在铺设好后10~15天开始生根。根据浇灌装置排布方式的优劣，生根速度会有所不同。对于相对宽敞的空间来说，可以设置遮阳亭和挡风用的篱笆墙。

如果是屋顶花园的话，重量会成为最大的问题。木构造建筑、钢筋混凝土构造和钢架构造在承重力上会有很大区别，所以需要在铺设草坪前确认屋顶的承重载荷。

$\frac{1}{2}$ 3

1. 使用由再生树脂制成的种植箱从而构筑出体量感。
2. 附近的种植带里种着迷南苏和薹草这一类的草形和叶形植物。
3. 草坪的铺设方法包括完全看不到间隙的一面铺法和故意留出间隙的间隙铺法两种，图片中展示的是后者。

铺设草坪前的准备、草坪种类及相关注意事项

① 铺设草坪前的准备

确保日照充足和足量浇水

草坪非常结实且耐潮，只要有足够的光照和水分，就连在海岸边的沙地上也可见到把根系伸到地下土壤中的草。对于踩踏环境也很耐受，所以只要根系牢固地扎在土壤中，连汽车压过去都不会导致它们枯萎。和其他植物的种植一样，在适宜的环境中铺设草坪才是最关键的窍门。

- **决定铺设场所**
  不仅要考虑栽植区域和过道位置，而且需要考量日照时间。

- **决定铺设草坪的种类**
  根据维护的难易度和观感选择草坪种类。

- **测定面积**
  测定要铺设的面积，从而算出需要的草坪量。

- **从园艺商店购买草坪**
  在园艺中心或园艺商店里可以买到需要的草坪和目沙。

- **铺设草坪**
  事先准备好必要的肥料和人造土壤。

② 草坪的种类

草坪种类有数十种之多

草分为日本草和西洋草两个大类，而每个大类中又各自包含数十个品种。出售尺寸和种类也各有不同。有将 8 片 /m² 的草坪捆扎成册出售的切草皮，也有将一段草坪卷起来卖的卷草皮，还有附着着种子的桔梗草皮等。西洋草中还会有现场播种的情况存在。

·日本草

最为人熟知的高丽草的叶子十分细密，稍微注意管理就可以生长得很繁茂。其他经常在公园中看到的那一类叶色和生长速度经过改良的野草品种也可以买得到。

·西洋草

像根草和肯塔基蓝草这类植物在高温多湿的日本夏季极易染病。同时，它们的生长速度相当快，所以几乎一周就需要修剪一次，维护频率很高，它在高尔夫球场和广场中被广泛应用。

③ 铺设草坪的注意事项和窍门

Ⅰ 铺设草坪的注意事项

去除杂草，改良土壤

如果在计划铺设草坪的区域有大量杂草存在，需要将它们连根去除。刚铺设完草坪时也是最容易出现杂草的时候，因此最好可以做到早发现早去除，之后的管理会因此轻松很多。对于水分不足的土壤，使用改良土壤材料或者沙土也是不错的选择。

Ⅱ 铺设草坪的窍门

为了可以让草坪铺得好看

对于日本草来说，如果在冬眠期的冬天铺设，会导致草坪表面凹凸不平，因此需要避开冬季铺设草坪。另外，在坡度较大的斜面铺设草坪时，可以使用被称为目节的方法直接将草根插到竹竿里，在竹节的位置进行固定。

法式风韵的庭院设计创意

12 球根植物篇

适合栽种在春秋两季的花坛中或种植带里的球根植物，通过使用与在原生区域相似的种植方法可以令庭院产生更有趣味的场景。

在伯尔加德城堡领地内开放的塔利亚水仙。在广阔的草地中绽放花朵的球根植物可以产生与普通花坛和种植带相比完全不同的效果。虽然看起来像是野生的，但其实它们是在初秋种下的植物。

9月，在法国中部见到的成片生长在牧场中的秋水仙。由于原产地在地中海沿岸，所以它们有可能是野生的聚落。这种植物在春天会长出大大的叶子，但在花期只有花朵。它们也被称作秋天的番红花。

在杂草混生的草地上集中种植球根植物

种后即使不管也可以顺利开花的球根植物包括花韭和紫娇花等。开着小巧花朵的球根植物可以让人每年都能享受到这样的乐趣。球根植物有着在旱季休眠以储存养分的能力，但在日本由于休眠期和梅雨季重叠，因此不适合放养式地种植在阴暗或者湿气重的土地上。如果要种植在草坪上，需要控制该区域草坪的生长空间，所以杂草混生的草地上更适合集中种植球根植物。

在种着西洋梨树的后院草地中，有一片蓝铃花。因为花朵还很小，所以估计仅仅种下几年而已。

规划铺设石阶，
创造迥异风格

12月

December

在入口、阶梯和停车位的铺设方法中，有一种是石阶铺设，根据使用石材和接缝材料的不同可打造出不同的氛围。

1. 建筑物为深灰色，篱笆和花架为白色，石材和枕木的灰色和棕色则完美弥合成了中间色，和原有的混凝土板并用铺设出了粗犷的入口。
2. 在建筑物的间隙里种植的栎叶绣球的根旁伸展着成片的地衣植物。
3. 石材和枕木旁边是停车位，使用了米色沙砾进行铺设。

在庭院一角铺设有趣的石阶，让空间变得更有风格

步道上常使用的铺装材料包括砖石、枕木和沙砾等。虽然选择何种铺装材料与庭院的风格有着很大关系，但有韵味的砖石非常适合与绿色植物搭配。通过铺设有趣的石阶可以让庭院整体空间风格朝着有趣的方向转变。

在可以感受到历史的欧洲街面上，长久以来所使用的花岗岩在日本也经常使用。这种石材有着沉稳的灰色，同时在经年累月的磨损中边角会变得光滑圆润。将富有风韵的欧洲石阶也铺设到自家的庭院中来吧。

枕木和旧水泥板，加上石材随机铺
装而成的入口。杂草在宽大的间隙
中生长，营造出自然氛围

各种风格的石阶铺设方法

间隙不同，产生的效果也不同

方法 1 和方法 2 均使用了 20cm 见方的石材，但由于铺设方法不同，铺设完的效果也会大有不同。保持更小的间隙，将石材紧密地铺设在一起会给人留下硬朗且适合行走的印象。另外，如果间隙较大，填满草皮或地衣类植物后会给人以自然放松之感。

方法 1：将大小不等的石头以飞石状随机铺装而成的入口。
方法 2：有高差的入口通过砖石的厚度形成缓步抬高的阶梯。
方法 3：在日照充足的场地中以等距间隔铺装石材，同时种满草皮，与窗台下的草丛一起营造出温馨的氛围。

方法 4

方法 4：在朝着间隔墙百叶拱门的方向上随机铺设石板步道。
方法 5：在现有树木之间被设计成 S 形的石板小路上，白色篱笆墙令过道整体观感更加明亮，也展示出石阶很稳重的印象。
方法 6：铁筷子和绣球将道路的边缘隐藏了起来，呈现出更自然的入口风格。
方法 7：等距铺设的石材与建筑本身可爱的颜色形成了对比，增强了视觉效果。

方法 7

方法 5

方法 6

任务 1

铺装地基

步道与车道相比，地基的构成会有所不同。铺装步道地基时，甚至可以直接将石材保持间隙铺到土里，使用这种粗放的铺装方式就可以达到一定效果。

① 确认步道的最终高度后开始掘土，铺装碎石。

② 铺好碎石后使用压路机压实。

任务 2

铺装石材

根据需要，可以选择大小薄厚均等的石材，也可选择大小不一的石材。铺设方法包括间隙一致与四散铺设两种不同的手法。

③ 灌入砂浆铺装石材，用锤子砸实固定。

④ 在铺好石材的间隙中填入半干砂浆。

⑤ 在保持间隙一致的前提下铺装石材。

⑥ 一边确认横列边线是否齐平，一边继续铺装石材。

⑦ 完工后效果。

⑧ 按照相同原则铺装小路。

⑨ 地面保持与白色检修盖板高度一致。

⑩ 使用同样的方法填补间隙。

⑪ 在完成区域上浇水，以使砂浆硬化固定。

⑫ 停车位部分也需要浇水，以使砂浆硬化。

⑬ 通路的其余部分使用水平器以确认高度，同时固定石材。

⑭ 通路铺装时也要统一间隙。

⑮ 在两侧外延的边缘处使用砂浆硬化固定。

完成后的细节展示

间隙全部使用砂浆填充，给人以干净利落的视觉观感。在周围的栽植带栽种各种植物，随着时间流逝，砂浆处也会附着苔藓，给人以安静宁和之感。

$\frac{1}{2}$

1. 为了保证停车位不会积水，可以让内部高度高于入口。使用此类石材的情况下，场地面积与石材大小比例应保持在50：1以上。

2. 虽然有点粗放感，但依旧保证了整体上规则整洁的印象。由于石材形状大小各不相同，因此无法实现绝对平整，但石材本身的凹凸感也恰恰成为它独有的特点。

相似构造的石阶步道

完工两年后的石阶步道入口。成长起来的绣球和铁筷子构成的栽植带掩盖了步道边缘，构筑出更加自然的氛围。

铺着砖块或瓦砾的庭院

类型1（上）： 玄关前的地面铺着瓷砖，台阶下则铺着砖块。
类型1（下）： 露出中古风砖块的长面作为表面，间隙里则生长着地苔。
类型2： 枕木和砖块的组合。间隙由带颜色的砂浆填充。
类型3： 大小各不相同的砖块和枕木被有机地组合在一起。间隙里填充了沙砾，为将来长草做出了准备。
类型4： 长方形的石材整整齐齐铺装的步道。
类型5： 按"之"字形铺设陶砖，以强调庭院通路的深邃感。

铺设石阶的方法、材料选择以及维护

❶ 石材的铺装流程

任何石材的铺装方法都是相通的

常见的铺装石材包括凿制的花岗岩和砂岩方体，还有将旧石材或石灰岩切成砖形石材的情况，但铺装方法基本一致。即使是扇形的石阶也可以精心打造出完美的氛围。

- · **思考设计**
  确定需要使用的石材种类。

- · **准备材料**
  测定需要铺装的面积，准备石材和工具。

- · **铺装前的准备工作**
  铲除需要铺装位置的土，铺设石材制作地基。

- · **使用砂浆固定**
  配合使用的石材，调整砂浆的水量，开始铺装。

- · **保留间隙**
  和上面一样，调整砂浆的水分以填充间隙。

❷ 铺装材料和道具选择

铺装材料种类和选择方法

铺装材料的厚度会根据使用场景是车道还是步道而产生变化。并且，和铺瓷砖一样，填缝材料的颜色也可以自选，但需要注意的是浅色易显脏。

·石材

石材的厚度达到 7~8cm 时，即使是车道也不需要铺装混凝土地基就可以直接进行铺设。

·砂浆

砂浆是水泥和沙砾的混合物，基础比例是 3:1，在此基础上增加沙砾含量就会得到混凝土。

必要的道具选择

如果只是铺装庭院小步道，准备好小铲、橡胶锤、混合砂浆用的铁锹、大型容器、刮板、水平器、长木材水线等工具后就可以进行铺装工作了。

❸ 铺装要点和注意事项

I 确保水平的方法

利用水线确定水平

如果直接使用水平器测定表面凹凸的石材会很困难，对需要铺装的位置拉起水线则可以测定整个场景的水平面。因此，即使个别石材有些许凹凸也不会影响整体的水平位。

II 在间隙中种植植物的情况

使用沙砾铺装有利于后期长草

步道的石材没有必要使用砂浆进行固定，在下面铺装沙砾即可。如果是较厚的石材，在铺装后可以使用沙砾填入间隙，后期可以撒下草种或栽植地衣。

❹ 石阶的维护

几乎不需要细致养护

如果最开始就使用风格统一的石材，几乎不需要后期管理或养护。只有一部分的砂岩在经年累月的时间洗礼下会由明亮的颜色逐渐变黑。另外，如果是白色间隙，在一段时间后可能会受脏变色，为了避免这种情况，可以在铺装后即刻使用防水剂保护间隙填料的表面。

法式风韵的庭院设计创意

13 道具篇

"即使没有庭院和足够的空间，也有欣赏植物的方法"，这是法国人教会我们的技巧。

停放在街角玄关旁的自行车也成了展示植物的小种植台。因为是在小胡同里，所以窗前或者道路旁也可以放置更多的种植容器，但这里偏偏使用了自行车创造出画卷一样的场景。

前车筐里种着铃兰、玫瑰以及常春藤，后座的种植箱里则混种着非常耐旱的茅草、麻兰和景天。

在酒店的中庭里，靠在墙上可爱的拱门状栅栏下放置着常春藤种植箱，旁边的亚洲络石也开始攀上栅栏。即使没有空间，也可以像图中那样享受绿色植物带来的乐趣。

可以快速实现欣赏绿色植物的展示方式

为了在阳台或停车场这类无法种植地面植物的场所享受绿植的快乐，可以使用种植箱，像上面照片里那样稍微加入一些创意就可以创造出非常有趣的场景。在自行车上设置的箱子就好像放入蔬果的纸箱。或者在车筐里铺上塑料垫，铺上土壤后种植植物。另外，使用栅栏或者乔木甚至大的枝干来缠绕攀缘植物也是很好的选择。或者在梯子上吊装种植盆也可以形成很有趣的场景。以上都是可以放置在玄关处的道具。

造园材料目录

即使作为结构的功能相同，因为使用的材料不同，庭院给人的印象也会不同。
对比选择各种各样的产品素材，精心打造自己内心最理想的场景吧！

材料 1 | 砖块

地面

砖块的铺装方法非常丰富。通过改变间隙的大小和砖块的颜色，可以构筑不同的场景和氛围。

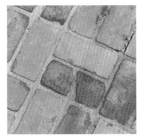

篮子铺法
两块一组交叠铺设的方法。即使是破碎的砖块也会有很好的氛围感。

鱼骨铺法
比利时产的中古风砖块有着年代感和令人放松的风格变化。

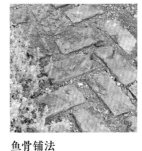

鱼骨铺法
道路旁的百里香开出了可爱的小花。

地衣和砖块
足以盖过路面的欧活血丹和带斑点的玉簪。

使用长边
使用长边窄面作为表面是最流行的马路地面的铺设方法。

白色间隙铺装
鱼骨铺装时在间隙里填入白色砂浆，造就相对明亮的印象。

种类丰富且有质感的砖块

大多数质感好的砖块都有着很高的吸水率，经年累月后会长出苔藓，或容易附着污渍，但这也恰恰是它的优点。以前砖块的种类很少，但现在有了白色、黄色、黑色甚至奶油色等种类丰富的颜色选择。

篮子铺装搭配填土间隙
在篮子铺装的间隙里填入草坪用土 2 年后的样子。

使用小面
将砖块最小面作为表面应用于道路边缘的铺装方法。

墙壁

在日本，砖瓦不会被用来堆砌很高的墙壁。所以高墙几乎都会用其他材料构筑芯体而仅在表面铺陈砖瓦。

长边堆砌

堆砌砖瓦的基本操作，使用中古风的砖瓦长边作为表面堆砌。

涂装后的墙壁

在和道路区分界限位置堆砌矮墙，并且涂装白色涂料。

流动感的墙壁

使用比利时中古风砖瓦堆砌矮墙，并且装上了由黄铜制作的水龙头。

台阶

在需要针对部分高差制作台阶的情况下，砖瓦也是非常适合并且易于使用的优秀材料。

使用长边的台阶

使用砖瓦的长边作为表面，而间隙也是从上到下全部连通的。

纵列间隙铺设

为了可以更舒适地登上台阶，比起地面，台阶部位的间隙会更加紧凑。

中古风砖瓦

台阶边缘采用纵列间隙，其他表面则使用交叠间隙铺设。

水场

能成为庭院焦点的就是水场了。接水的部分需要配合庭院的整体风格使用砖瓦构筑边缘。

杂物房旁的水场

在杂物房旁边设置的水场是利用板块砖瓦组合出的 D 字造型。

篱笆旁的水场

在篱笆墙的水龙头下设置的小水池，使用茶色的砖瓦修砌起了边缘。

使用间隙进行调整

半径的大小可以通过间隙来进行调整，给人以轻松可爱的印象。

长凳

虽然说到长凳都是木质的印象，但由砖瓦制成的长凳也是很常见的。不仅耐久性更好，也更可容易成为焦点。

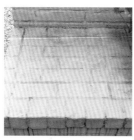

白色涂装的砖瓦长凳

在堆砌组合后，全体使用白色油漆涂装。

花坛作为靠背的长凳

为了保证坐面不积水，特意设定了一定角度。

砖瓦和瓷砖的组合

通过使用将砖瓦切片加工后得到的瓷砖，可以在现有的高墙、地面或台阶上进行表面装饰。这可以起到迷惑他人的作用，让人以为这里使用的是整块砖瓦。

花坛

通过构筑高于地面的花坛可以让花草的生长更加健康。篱笆沿线或建筑沿线都可以进行非常合适的组合搭配。

篱笆前的花坛

使用三层砖瓦堆砌出的狭窄花坛中，百里香从边缘溢了出来。

桌旁的花坛

在包围桌椅的花坛中，盛开着玫瑰花。

建筑物旁的花坛

好像是为了隐藏建筑物基座而建成的经过涂装的花坛。

材料 2 | 木材

篱笆

在造园中背景是十分重要的。木质篱笆的性价比最高，同时也是最容易作为背景的元素。

随机篱笆

垂直排列且高度不一的木板随机穿插的灰色篱笆。

隐藏边缘篱笆

较高的白色篱笆上攀缘着多花素馨，隐藏了篱笆的边缘。

自然篱笆

有一定长度的塞浦路斯板材随时间流逝而开始泛白。

隐藏边缘与格栅篱笆

为了不产生压迫感而在篱笆上部设定格栅。

间隔篱笆

高度为 1m 的横列篱笆。保留了一定间隙从而构筑出轻快的感觉。

交错铺设篱笆

内外横板的长度略有不同，通过交错铺设在确保通风的同时又可以保护隐私。

在花坛高度以上

在高出地面的花坛上分割内外的隐藏边缘篱笆。

使用蔷薇减轻压迫感

在将近 3m 高的塞浦路斯板材篱笆上缠绕着木香花。

低饱和色彩篱笆

使用灰色保护漆涂装的篱笆与植物的搭配十分协调。

花架

让攀缘植物缠绕在花架上，使绿色植物呈现出更好的立体感，铺设毡布也可以起到这样的作用。花架自然就成了被憧憬的一件庭院设施。

铁线莲的花架
演绎立体的绿植空间，构筑拱门形花架。

打造绿色屋顶的露台
露台屋顶的大花架上大面积的素馨叶白英正在盛开着。

缠绕葡萄的花架
露台的花架上缠绕着的葡萄藤成为遮阳的道具。

攀缘篱笆

为了让绿色植物的体量感可以更加立体地展示出来，格子状的篱笆是十分有效的选择。

给邮箱增添色彩
固定于建筑物外墙的格子上缠绕着铁线莲。

用绿色植物覆盖阳台
在阳台前使用铝合金和树脂设置的篱笆上缠绕着亚洲络石。

作为庭院的背景
在有一定高度的庭院外墙的格子篱笆上缠绕着常春藤。

甲板

从室内可以裸足出入的木质甲板起着连接庭院和房屋的重要作用。

组合设计
组合使用不同大小和造型的甲板，使整体设计产生变化。

在甲板上掘洞
将甲板的一部分打开，给予多花素馨足够的生长空间。

甲板与篱笆
使用和篱笆同样的颜色进行涂装可以烘托统一感。

长凳

假如有一个长凳，进入甲板或庭院的机会也会增加。同时，如果可以将长凳的内部空间作为收纳空间加以利用，也可以展现出很好的功能性。

转角长凳
在甲板区角落制成的长凳上放着布艺靠垫。

收纳长凳
可开合式坐面可以成为一个小收纳空间。

大容量收纳空间
如果在长凳侧面配置对开门则可以作为大容量的收纳空间使用。

室外机罩

只要有空调，室外机则必会配置到庭院或过道上。仅使用木质罩壳就可以将整体观感变得更整洁。

作为展示台

将可收纳的两台室外机罩壳作为植物展示台使用。

搭配墙壁的颜色

配合建筑外墙的颜色，使用白色油漆进行涂装，以提升整体感。

收纳空间

收纳空间是多多益善的存在。无论是甲板下方的空间还是长凳内部的空间，能有效利用就不要放过这样的机会。

地面下收纳

只要甲板区有一定高度，其下面的空间就可以作为收纳空间使用。

将阳台一角作为收纳空间

将阳台的一部分分割出来，内部作为收纳小储藏室使用。

小窗

建筑物一定会有窗，在墙壁或置物间上设定窗户也可以让整体环境得到改善。窗是作为点缀和修饰的重要存在的。

铠甲窗

为了不产生压迫感，在开口处设定了闭合装置。

实用主义的木质窗

在有屋顶的露台篱笆墙上设定兼顾采光和通风的小窗。

中古风小窗

为了让杂物间更明亮而设定的中古风小窗。

置物间

即使仅有 $1.6m^2$ 的空间也可以有着惊人的收纳潜力，同时也可以成为整个庭院中的焦点，变成一个重要存在。

甲板上的木质置物间

在宽阔甲板上设置的置物间。蓝灰色的涂装十分可爱。

带圆拱小窗的置物间

木板横铺外墙和钣金屋顶给人以沉稳的印象。

坡屋顶置物间

设置在玄关旁的以白色和米色为主的可爱置物间。

正确的使用方法可以延长木材的使用寿命

在户外环境下使用的木材会无可避免地随着时间流逝而产生劣化，但根据设计方法、设定方法以及使用方法的不同，木材的使用寿命也会大大不同。举例来说，作为篱笆柱的木材不要直接插入土壤，而是使用金属固定，或者处理成切面使水不容易渗入等，类似的做法可以让木材的使用寿命得到提高。近年来，由于硬木广泛应用于各行各业，在建筑或造园领域也得到了大量应用。只需要对硬木进行适当的保养就可以感受经年累月的变化，更可以体会其他材料所不具备的温度感和庭院独有的气氛感。

材料 3 | 瓷砖

台阶和地面

在地面上使用的瓷砖多为釉面瓷质，给人以光滑整洁的印象。除此之外还有陶土、马赛克以及砖瓦等材质瓷砖。

砖瓦瓷砖

玄关入口前的台阶使用的砖瓦瓷砖可以传达出温度感。

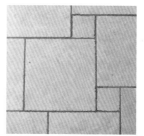

大小混用瓷砖

使用不同大小的瓷砖组合排列，使得表面呈现出类似石块的感觉。

陶土瓷砖

20cm 见方的陶土瓷砖由于表面易脏，所以需要涂抹保护蜡。

材料 4 | 枕木

枕木

使用枕木铺装的地面主要为停车位区域。搭配草坪使用能让停车位展现出类似庭院的效果，同时达到更加自然的观感。

枕木和石材

胧花千叶兰装饰了枕木的边缘位置。

枕木和草坪

在车轮需要通过和停车位的位置铺设枕木。

枕木和沙砾

利用沙砾区分入口和停车场的设计变化。

枕木和砖瓦

在较大的枕木和砖瓦间隙中铺设草皮的停车位。

枕木和装饰沙砾

在相对宽敞的停车场上铺设枕木和装饰沙砾可以增添趣味性。

枕木和砖块

自行车停车位的地面使用了枕木和砖块进行铺装。

使用品质优秀的硬木可以延长枕木的使用寿命

在需要使用枕木的情况下，必须事先确认材质。如果不使用硬木，4~5 年木材内部就会腐朽，变得干瘪脆弱。如果要铺设地面，为了确保地面排水性良好，枕木下铺设沙砾后方可固定枕木。

枕木、沙砾和石材

根据车轮通过的方向一字长列地铺装枕木。

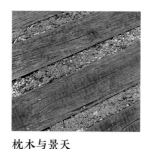

枕木与景天

停车位的沙砾和枕木间隔排布，在沙砾的部分长出了小小的景天。

混凝土

无论是停车场的地面还是原厂的混凝土面板，和植物搭配后混凝土的冰冷感都会被抵消掉。即使是冰冷的混凝土也可以通过不同的使用方法产生不同的效果。

砂浆

外墙的涂层可以使用有弹性的树脂或有质感的砂浆以及最近不再被广泛使用的熟石灰等材料。

玄关台阶
台阶部分使用混凝土成型，而后涂蜡进行表面处理。

风化后的面板
在改建前就存在的混凝土面板可以和其他铺装材料进行混搭。

间隙种植
在土地铺装的间隙中种植的草皮和筋骨草在逐渐生长。

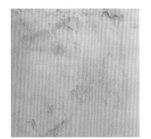

石灰风化润饰
反复涂抹多层不同色调的砂浆，形成独特的表面风格。

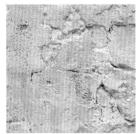

石化造型风化润饰
在砂浆半干时作业，经年累月后墙壁的模样。

石材造型风化润饰
像石材堆砌后风化的效果一样的纹理。

粗犷砂浆润饰
将半干的砂浆随意涂抹在墙上形成的特有质感。

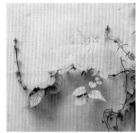

砂浆和攀缘植物
灰色砂浆润饰后的墙壁与附着其上的绣球钻地风。

树脂砂浆润饰
树脂加上纤细但坚韧的骨材成型的产品，表面耐脏是最主要的特点。

砂浆堆石润饰
将砂浆厚厚地涂在墙上雕刻成天然石样，形成堆石一样的风格。

砂浆造型润饰
使用特殊的砂浆打造堆石的表现风格。

平板石和水槽
中规中矩的砂浆铺装水槽和混凝土面板。

材料 6 | 石材

地面

在地面上使用的石材与大理石那种光滑表面的质感相比，稍微有一点儿粗糙的表面在起到更防滑作用的同时与植物更搭。

石阶

横向对齐间隙的排布方式。同时，间隙中有小草长了出来。

石材与草坪

在草坪上星星点点地铺填了欧洲马路上经常使用的旧石材。

石材枕木和沙砾

虽然素材种类很分散，但同时也展现出粗犷风格。

多造型石材、沙砾和通路

好像要盖到小路上的过江藤类地衣植物。

多造型石材和砖瓦

入口前砖瓦铺装的地面延伸到不规则石材堆砌的台阶。

食材和砂浆台阶

玄关入口前的石阶由砂浆引出相对柔和的观感。

台阶

在有高差的台阶上垂直面的存在有着更强的表达感。使用更厚的石料可以更加凸显石材这种材料的厚重感。

中古风石材

这里使用了 15cm 见方的立方体中古风石材。

堆石

有厚度的德国进口石材是本来使用在堆石空间里的材料。

多造型石材和沙砾

只在高起的部分使用不规则造型石材，其余位置均采用沙砾铺设表面。

材料 7 | 沙砾

沙砾

作为最便宜的一种铺装材料，进口的装饰沙砾的颜色更丰富，是适材适所的最佳材料选择。

英国沙砾

奶油色的沙砾随着时间的流逝逐渐附上灰色系的色调。

沙砾和随机铺石

沙砾和石材的随意组合会给人以更加柔和的印象。

沙砾和少量方形石

多应用于方石铺设的露台到沙砾区之间的接合位置。

装饰沙砾和植物

有棱角且经过压实后通过紧凑型方式铺设的沙砾。

沙砾枕木和石材

在停车位上使用较多，在沙砾中置入一些枕木可以突出质感。

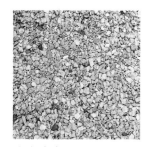

路基材料

虽然是很基础的碎石，但因为价格便宜，所以在停车场中应用较多。

材料 8 | 配件

水栓

虽然黄铜水龙头在时间的流逝中很有趣，但镀铬水龙头也可以通过更换黄铜把手来体验黄铜变化独有的乐趣。

黄铜水龙头

安装在篱笆上的法国进口简约造型黄铜水龙头。

动物形水龙头

以小鸟为模型的水龙头。同时也有以兔子或海豚为原型的同类产品。

中古风水龙头

德国进口的中古风水龙头，以龙首为模具造型。

其他

同样是铁质，也有熟铁、热浸镀锌、涂装及无涂装等处理方法，质感表达不尽相同。

铁丝网

只用在篱笆上的铁丝网。

支架

使用熟铁制成的遮阳板支架有着优雅的设计感。

铁格栅

中古风的铁格栅安装在墙壁镂空位置。

寻找并选择你喜爱的可作为焦点的小配件

水龙头、门把手、遮阳棚格栅等配件均由金属制成。同时，可以承载更有构思的设计也不会显得过分。由于注定会成为整个场景或表面的焦点，所以可以在这类位置使用一些扎眼或有特点的物品。

钢筋

支撑 2 楼阳台的钢筋上缠绕着玫瑰花的枝条。

铰链

杂物间门上的铰链在经年累月的风吹雨打下变得斑驳陆离。

タイトル：GARDEN HANDBOOK 庭づくりがたっぷり楽しめる本
著者：松田 行弘（著）
© 2016 Yukihiro Matsuda
© 2016 Graphic-Sha Publishing Co., Ltd.
This book was first designed and published in Japan in 2016 by Graphic-Sha Publishing Co., Ltd. This
simplified Chinese edition was published in 2022 by Liaoning Science and Technology Publishing House
Ltd. Chinese (in simplified character only) translation rights arranged with Graphic-Sha Publishing Co., Ltd.
through CREEK & RIVER Co., Ltd.
Original edition creative staff:
Book design: Chigusa Hiraki
Photography: Yukihiro Matsuda, Chiaki Hirasawa
Text: Chiaki Hirasawa
Planning and editing: Harumi Shinoya

Special thanks
HUTS(Yutaka Arakawa) sabiconia (Shigeo Tohara)
CVA (Atsushi Aida)
Donguri no ki (Hidenobu Kayaba)
BROCANTE staff
All who let us renovated their gardens

© 2022 辽宁科学技术出版社
著作权合同登记号：第 06-2021-260 号。

图书在版编目（CIP）数据

日式小庭院设计与建造 /（日）松田行弘著；张叶茜，
夏爱荣，曹毅译 . — 沈阳：辽宁科学技术出版社，2022.10
ISBN 978-7-5591-2663-4

Ⅰ.①日… Ⅱ.①松… ②张… ③夏… ④曹… Ⅲ.
①庭院—景观设计—日本 Ⅳ.① TU986.631.3

中国版本图书馆 CIP 数据核字（2022）第 151889 号

出版发行：辽宁科学技术出版社
　　　　　（地址：沈阳市和平区十一纬路 25 号　邮编：110003）
印 刷 者：辽宁新华印务有限公司
经 销 者：各地新华书店
幅面尺寸：182mm×257mm
印　　张：9
字　　数：180 千字
出版时间：2022 年 10 月第 1 版
印刷时间：2022 年 10 月第 1 次印刷
责任编辑：闻　通
封面设计：李　彤
版式设计：韩　军
责任校对：闻　洋

书　　号：ISBN 978-7-5591-2663-4
定　　价：78.00 元

联系编辑：024-23284740
邮购热线：024-23284502
E-mail:605807453@qq.com